食品理化检验技术

主　编　刘小朋　王　昕
副主编　夏明敬　张长平
主　审　项铁男

北京理工大学出版社
BEIJING INSTITUTE OF TECHNOLOGY PRESS

内 容 提 要

本书根据食品分析与检测领域的新知识和新技术进行编写，主要包括样品的采集与分析结果处理，粮油及其制品检验，乳及乳制品检验，肉及肉制品检验，酒类检验，调味品检验，蔬菜、水果、饮料检验。本书知识系统、结构合理、重点突出、内容简约，符合当前高等职业教育新模式下的全新教学体系。

本书可作为高等院校食品检验检测技术、农产品加工与质量检测、食品质量与安全等相关专业的教材，也可供食品生产质量控制、食品质量检验、食品安全检验检疫、安全卫生监督等相关工作人员参考使用。

图书在版编目（CIP）数据

食品理化检验技术 / 刘小朋，王昕主编 .-- 北京：
北京理工大学出版社，2024.9.
ISBN 978-7-5763-4483-7

Ⅰ .TS207.3

中国国家版本馆 CIP 数据核字第 2024HM9640 号

责任编辑：阎少华　　　　　文案编辑：阎少华
责任校对：周瑞红　　　　　责任印制：王美丽

出版发行 /	北京理工大学出版社有限责任公司
社　　址 /	北京市丰台区四合庄路 6 号
邮　　编 /	100070
电　　话 /	(010) 68914026（教材售后服务热线）
	(010) 63726648（课件资源服务热线）
网　　址 /	http://www.bitpress.com.cn
版 印 次 /	2024 年 9 月第 1 版第 1 次印刷
印　　刷 /	河北鑫彩博图印刷有限公司
开　　本 /	787 mm × 1092 mm　1/16
印　　张 /	13.5
字　　数 /	280 千字
定　　价 /	76.00 元

前言

Foreword

人民健康兴百业，食品安全利千秋。食品安全是直接关系到广大人民群众身体健康和生命安全的基本民生问题，是关系到经济发展和社会稳定的首要民心工程。党的二十大报告明确提出"推进健康中国建设"，要"把保障人民健康放在优先发展的战略位置"，要求"强化食品药品安全监管"，并指出要"加大关系群众切身利益的重点领域执法力度"，为新时代食品监管工作明确了方向。我们要从加快构建新发展格局、贯彻总体国家安全观的角度牢牢把握做好食品安全监管工作的重大意义，增强做好食品安全监管工作的主动性和积极性，笃信笃行、砥砺奋进，构筑食品安全防线。

本书根据教育部办公厅关于印发《"十四五"职业教育规划教材建设实施方案》的文件精神及对国家规划教材的编写要求，结合国家现行的食品卫生检验方法和食品卫生标准，以及国家职业标准对食品检验工的知识要求和技能要求，按照岗位需要的原则和食品专业人才培养目标的要求，精简、重组并整合教学内容，以"掌握基础理论知识、强化实践性训练、突出实效与创新"为原则，选取食品工业重点行业的代表性产品为工作对象，将传统的课程体系知识点解构在各产品典型的工作任务中，力求满足职业领域知识系统性和工作整体性的要求，推动课程教学与职业资格考试在教学内涵上的整合，实现教学与工作零距离的对接。

本书由吉林工程职业学院刘小朋、王昕担任主编，吉林工程职业学院夏明敬、张长平担任副主编。本书编写分工为：刘小朋编写项目1、项目2、项目6，王昕编写项目4、项目7，夏明敬编写项目5，张长平编写项目3。全书由刘小朋统稿、定稿。本书在编写过程中，得到了益海嘉里（吉林）粮油食品工业有限公司、四平君乐宝乳业有限公司、吉林白象食品有限公司、四平金士百啤酒股份有限公司的大力支持和帮助，在此表示感谢。全书由吉林工程职业学院项铁男教授主审。

由于编者水平有限，书中难免存在不足和疏漏之处，恳请广大师生和同行提出宝贵意见，以便进一步修改、完善和提高。

编 者

目录

Contents

项目1 样品的采集与分析结果处理 ·········· 1

任务1 样品的采集、制备和保存 ·········· 1

任务2 样品的预处理 ·········· 5

任务3 分析方法的选择与数据处理 ·········· 12

任务4 分析结果报告 ·········· 16

项目2 粮油及其制品检验 ·········· 18

任务1 大米水分测定 ·········· 18

任务2 面粉灰分测定 ·········· 22

任务3 方便面中脂肪含量测定 ·········· 26

任务4 豆粉蛋白质含量测定 ·········· 30

任务5 油脂酸价测定 ·········· 35

任务6 油脂过氧化值测定 ·········· 40

项目3 乳及乳制品检验 ·········· 46

任务1 生乳相对密度测定 ·········· 46

任务2 牛乳杂质度测定 ·········· 50

任务3 牛乳脂肪含量测定 ·········· 53

任务4 低乳糖牛奶乳糖含量测定 ·········· 58

任务5 灭菌乳中蔗糖含量测定 ·········· 63

任务6 乳中非脂乳固体测定 ·········· 69

　　任务7　灭菌乳酸度测定 ⋯⋯⋯⋯⋯⋯⋯⋯⋯⋯⋯⋯⋯⋯⋯⋯⋯⋯⋯ 73

　　任务8　乳基婴儿配方食品中钙的测定 ⋯⋯⋯⋯⋯⋯⋯⋯⋯⋯⋯⋯⋯ 77

项目4　肉及肉制品检验 ⋯⋯⋯⋯⋯⋯⋯⋯⋯⋯⋯⋯⋯⋯⋯⋯⋯⋯⋯⋯⋯ 83

　　任务1　冷冻肉挥发性盐基氮的测定 ⋯⋯⋯⋯⋯⋯⋯⋯⋯⋯⋯⋯⋯⋯ 83

　　任务2　熏煮火腿中氯化物的测定 ⋯⋯⋯⋯⋯⋯⋯⋯⋯⋯⋯⋯⋯⋯⋯ 88

　　任务3　中式香肠中脂肪的测定 ⋯⋯⋯⋯⋯⋯⋯⋯⋯⋯⋯⋯⋯⋯⋯⋯ 93

　　任务4　中式香肠中总糖的测定 ⋯⋯⋯⋯⋯⋯⋯⋯⋯⋯⋯⋯⋯⋯⋯⋯ 97

　　任务5　火腿肠中亚硝酸盐的测定 ⋯⋯⋯⋯⋯⋯⋯⋯⋯⋯⋯⋯⋯⋯⋯ 102

项目5　酒类检验 ⋯⋯⋯⋯⋯⋯⋯⋯⋯⋯⋯⋯⋯⋯⋯⋯⋯⋯⋯⋯⋯⋯⋯⋯ 108

　　任务1　白酒乙醇浓度测定 ⋯⋯⋯⋯⋯⋯⋯⋯⋯⋯⋯⋯⋯⋯⋯⋯⋯⋯ 108

　　任务2　白酒总酸的测定 ⋯⋯⋯⋯⋯⋯⋯⋯⋯⋯⋯⋯⋯⋯⋯⋯⋯⋯⋯ 112

　　任务3　白酒总酯的测定 ⋯⋯⋯⋯⋯⋯⋯⋯⋯⋯⋯⋯⋯⋯⋯⋯⋯⋯⋯ 116

　　任务4　白酒中甲醇的测定 ⋯⋯⋯⋯⋯⋯⋯⋯⋯⋯⋯⋯⋯⋯⋯⋯⋯⋯ 120

　　任务5　啤酒色度测定 ⋯⋯⋯⋯⋯⋯⋯⋯⋯⋯⋯⋯⋯⋯⋯⋯⋯⋯⋯⋯ 125

　　任务6　啤酒浊度测定 ⋯⋯⋯⋯⋯⋯⋯⋯⋯⋯⋯⋯⋯⋯⋯⋯⋯⋯⋯⋯ 129

　　任务7　啤酒乙醇浓度的测定 ⋯⋯⋯⋯⋯⋯⋯⋯⋯⋯⋯⋯⋯⋯⋯⋯⋯ 133

　　任务8　啤酒原麦汁浓度测定 ⋯⋯⋯⋯⋯⋯⋯⋯⋯⋯⋯⋯⋯⋯⋯⋯⋯ 138

　　任务9　啤酒双乙酰测定 ⋯⋯⋯⋯⋯⋯⋯⋯⋯⋯⋯⋯⋯⋯⋯⋯⋯⋯⋯ 142

项目6　调味品检验 ⋯⋯⋯⋯⋯⋯⋯⋯⋯⋯⋯⋯⋯⋯⋯⋯⋯⋯⋯⋯⋯⋯⋯ 147

　　任务1　食醋总酸的测定 ⋯⋯⋯⋯⋯⋯⋯⋯⋯⋯⋯⋯⋯⋯⋯⋯⋯⋯⋯ 147

　　任务2　酱油氨基酸态氮测定 ⋯⋯⋯⋯⋯⋯⋯⋯⋯⋯⋯⋯⋯⋯⋯⋯⋯ 151

　　任务3　味精纯度的测定 ⋯⋯⋯⋯⋯⋯⋯⋯⋯⋯⋯⋯⋯⋯⋯⋯⋯⋯⋯ 155

　　任务4　花椒水分的测定 ⋯⋯⋯⋯⋯⋯⋯⋯⋯⋯⋯⋯⋯⋯⋯⋯⋯⋯⋯ 158

　　任务5　白糖中二氧化硫的测定 ⋯⋯⋯⋯⋯⋯⋯⋯⋯⋯⋯⋯⋯⋯⋯⋯ 161

　　任务6　食盐中亚铁氰化钾的测定 ⋯⋯⋯⋯⋯⋯⋯⋯⋯⋯⋯⋯⋯⋯⋯ 166

项目7　蔬菜、水果、饮料检验 ⋯⋯⋯⋯⋯⋯⋯⋯⋯⋯⋯⋯⋯⋯⋯⋯⋯⋯ 171

　　任务1　水果中维生素C的测定 ⋯⋯⋯⋯⋯⋯⋯⋯⋯⋯⋯⋯⋯⋯⋯⋯ 171

　　任务2　蔬菜中纤维素的测定 ⋯⋯⋯⋯⋯⋯⋯⋯⋯⋯⋯⋯⋯⋯⋯⋯⋯ 176

任务3　果汁中总酸的测定 ……………………………………………… 180

任务4　果汁中可溶性固形物的测定 ………………………………… 184

任务5　豆奶中脲酶活性试验 ………………………………………… 189

任务6　茶饮料中茶多酚的测定 ……………………………………… 193

任务7　饮料中苯甲酸的测定 ………………………………………… 197

参考文献 …………………………………………………………… 203

项目1 样品的采集与分析结果处理

 **学习目标**

知识目标

1. 掌握样品的采集、制备与保存方法；

2. 掌握样品预处理的方法；

3. 掌握数据处理方法及分析结果的评价方法。

能力目标

1. 能对各类食品进行正确的样品采集、制备与保存；

2. 能够根据实际情况选择合适的样品预处理方法；

3. 能够正确运用有效数字及其运算规则，正确记录、处理实验数据。

素质目标

1. 培养深厚的家国情怀和社会责任感；

2. 树立职业意识，培养诚实守信、廉洁自律、爱岗敬业的精神；

3. 遵循企业的"6S"质量管理体系，培养良好的心理品质，具备建立和谐的人际关系的能力，表现出人际交往的能力与合作精神。

任务1 样品的采集、制备和保存

子任务1.1 样品的采集

样品的采集是指从大量的分析对象中抽取具有代表性的一部分样品作为分析材料（分析样品），简称采样。

1.1.1 正确采样的重要性

在实际工作中，要分析的产品常常是大量的，其组成有的比较均匀，有的却很不均匀。化验时所取的分析试样只需几克、几十毫克，甚至更少，而分析结果必须能代表全部产品的平均组成。因此，必须正确地采集具有足够代表性的"平均试样"，并将其制备成分析试样。若所采集的样品组成没有代表性，那么其后的分析过程再准确也是无用的，甚至可能导致产生错误的结论，给生产或科研带来损失。

采样是一个困难且需要非常谨慎的操作过程。要从一大批被测产品中采集到能代表整批被测物质质量的少量样品，必须遵守一定的规则，掌握适当的方法，并防止在采样过程中，造成某种成分的损失或外来成分的污染。

正确采样，必须遵循的原则：第一，采集的样品必须均匀、具有代表性。所谓代表性，是指采集的样品能反映全部被检食品的平均组成、质量和卫生状况。第二，采样方法必须与分析目的保持一致。第三，采样过程要设法保持原有的理化指标，避免成分发生化学变化或逸散。第四，要防止和避免预测组分带入杂质或污染。第五，采样方法要尽量简单，所用样品处理装置尺寸应当与处理的样品量相适应。

1.1.2　采样的一般程序

按照样品采集的阶段不同，采集的样品一般分为检样、原始样品和平均样品。从大批物料的各个部分采集少量的物料称为检样。检样的多少，按该产品标准中检验规则所规定的抽样方法和数量执行。这也是采样的第一步程序。将许多份检样综合在一起组成的样品称为原始样品。原始样品的数量是根据受检物品的特点、数量和满足检验的要求而定的。将原始样品经过技术处理后，再抽取其中一部分用于分析检验的样品称为平均样品。

从平均样品中分出三份，一份用于全部项目检验；一份用于在对检验结果有争议或分歧时复检，称作复检样品；另一份作为保留样品，须封存保留一段时间（通常为一个月），以备有争议时再做验证，但易变质食品不做保留。每份样品数量一般不少于 0.5 kg。

1.1.3　采样的方法

由于分析的目的、方法，检测对象的数量、性状、包装情况、储藏情况、待测成分性质、含量范围等的不同，采样的方法有所不同，所采集样品的数量也不同。采样的方法及数量应保证采集得到具有代表性的样品，而又不至于采样太多，造成采样及测定的困难。

样品的采集一般分为随机抽样和代表性取样两种方法。随机抽样，即按照随机原则从大批物料中抽取部分样品。操作时，应使所有物料的各个部分都有被抽到的机会，即从被检食品的不同部位、不同区域、不同深度，上、下、左、右、前、后多个位置采取样品。随机抽样可以避免人为倾向，但在某些情况下，对不均匀样品，仅用随机抽样是不够的，必须结合代表性取样，从有代表性的各个部分分别取样，才能保证样品的代表性。代表性取样是用系统抽样法进行采样，根据样品随空间（位置）、时间变化的规律，采集能代表其相应部分的组成和质量的样品，如分层取样、随生产过程流动定时取样、按组批取样、定期抽取货架上陈列的商品取样等。

采样是分析工作中的第一步，一般应由分析人员亲自操作。对原料和辅料，应了解来源、数量、品质、包装及运输情况；对成品，应了解批号、生产日期、数量、储存条件等，再根据其存在状态，选择合适的采样方法。很多产品的样品采集方法及采集数量，在国家标准中均有规定，应按规定方法采样。

具体采样方法根据产品类型不同及检测项目要求不同而不同。

1. 均匀的固体样品

粮食、砂糖、面粉、油料及其他固体食品，可按不同批号分别进行采样。对同一批号的产品，采样次数可按以下要求决定。

(1)散装固体样品。如散装的粮食、油料，根据堆形和面积大小分区设点，按粮堆高度分层采样。分区时，每区面积不超过 50 m²。分层时，堆高在 2 m 以下的，分上、下两层；2～3 m 的，分上、中、下三层；高度增加应酌情加层。

(2)有包装的固体样品。应根据总包数及固体颗粒的大小决定采样包数，一般可按下式决定：

$$S = \sqrt{\frac{N}{2}}$$

式中　N——被检物质数量(件、袋)；

　　　S——采样包数。

采样的包点要分布均匀。采样时，用包装扦样器口向下，从包的一端斜对角插入包的另一端，然后口向上取出。每包采样次数一致。

特大粒样品应适当增加采样包数，采取倒包和拆包相结合的方法。采样比例：倒包按规定采样包数的 20%；拆包按规定采样包数的 80%。

2. 不均匀的固体样品(肉、鱼、果、蔬等)

对于不均匀的固体样品(肉、鱼、果、蔬等)，一般根据检验目的和要求，从不同部位采集小样，如皮、肉、核等需分别采集小样；有时要从具有代表性的各个部位分别采取少量样品。如分析脂肪中的成分时，只采集脂肪部分，混合并经充分捣碎均匀后，取出 0.5 kg 作为分析样品。

3. 液体及半固体样品(植物油、鲜乳、酒类、液体调味品和饮料等)

对储存在大容器(如桶、缸、罐等)内的液体及半固体物料，可参照固体采样法的公式确定采样次数，再从各采样桶用虹吸法分上、中、下三层采出少部分样品，混装于洁净、干燥的大容器中，充分混匀后，取出 0.5～1 L 作为分析样品；若样品是在一大池中，则可在池的四角及中心部位分上、中、下三层进行采样，混匀后，取出 0.5～1 L 作为分析样品。混匀的方法：数量多时可采用旋转搅拌法，数量少时可采用反复倾倒法。

4. 小包装食品(罐头、瓶装饮料或听装酒、饮料等)

对分装在小容器里的物料，应根据批号，分批连同包装一起采样，同一批号采样件数以批量不同而有所不同，每批的采样在每批产品的不同部位随机抽取 n 箱，再从 n 箱中各抽取一瓶作为分析试样。一般来说，250 g 以上的包装，不得少于 6 瓶；250 g

以下的包装，不得少于 10 瓶。

掺伪食品和食品中毒的样品采集，要具有典型性。

不同种类食品采样的数量、采样的方法均有具体规定，可参照有关标准。

采样后，应认真填写采样记录单，内容包括样品名称、规格型号、等级、批号（或生产班次）、采样地点、日期、采样方法、数量、检验目的，生产厂家名称及详细的通信地址等，最后应签上采样者的姓名。

子任务 1.2　样品的制备

1.2.1　样品制备的目的

按采样规程采取的样品一般数量过多、颗粒大，各个部位的组分差异很大，在化验之前，必须经过制备过程。样品制备是对上述采集的样品进一步粉碎、混匀、缩分的过程，其目的是保证样品十分均匀，使取其中任何部分都能代表被检物料的平均组成。

1.2.2　样品制备的方法

样品制备的方法有振摇、搅拌、切细、粉碎、研磨或捣碎。所用的工具有绞肉机、磨粉机、高速组织捣碎机、研钵等。

因产品类型不同，其试样的制备方法也不同，大致有如下几种。

1. 固体样品的制备

先将原始样品混合均匀，对大块的样品应采取逐步粉碎的方法制备，样品要求粉碎到一定粒度，可切细（大块样品）、粉碎（硬度大的样品，如谷物类）、捣碎（质地软、含水率高的样品，如果蔬）、研磨（韧性强的样品，如肉类）等。常用的工具有粉碎机、高速组织捣碎机、研钵等。然后用四分法缩分至所需样品量，一般为 0.5～1 g。

四分法分样：将样品倒在光滑、平坦的木板或玻璃板上，用两块分样板将试样摊成圆形或正方形，然后从样品两边铲起样品约 10 cm 高，对准中心同时倒落，在不同方向如此反复混合 4～5 次（中心点不动），将样品摊成等厚的圆形或正方形，用分样板将样品分成四个部分，取出其中对顶的两部分样品，剩余样品再按上述方法反复分取，直至最后剩余的样品接近所需的样品量时为止。

2. 液体或浆状食品样品的制备

牛奶、饮料、液体调味品等液体或浆状食品样品，可用搅拌器充分搅拌均匀。对于膏状的样品，可在聚乙烯袋中用捏挤的方法混合均匀。

3. 含水率较高的固体食品样品的制备

肉类、鱼类、禽类等，预先去除头、骨、鳞等非食用部分，洗净、沥干水分，取其可食部分，放入绞肉机中搅匀。对含水率高的水果、蔬菜类，一般先用水洗去泥沙，揩干表面附着的水分，从不同的可食部位切取少量物料，混合后放入高速组织捣碎机中充分捣匀。对于蛋类，去壳后用打蛋器打匀。

4. 罐头食品样品的制备

对于罐头食品先除核、去骨，取其可食部分，并取出各种调味料（如辣椒、香辛料等）后，用高速组织捣碎机制备均匀。

在样品制备过程中，应防止易挥发性成分的逸散及避免样品组成和理化性质的变化，尤其是微生物检验的样品，必须根据微生物学的要求，严格按照无菌操作规程制备。

子任务 1.3　样品的保存

一般情况下，要求制备好的样品当天就进行分析，如不能马上分析，则应密封加塞，妥善保存。样品检验后，如果对检验结果有怀疑或争议，需要对样品复检，贸易双方在交货时，如对某产品的质量是否符合合同中的规定产生分歧，也必须复检。因此某些样品应当封好保存一段时间。

样品保存的目的是防止样品发生受潮、挥发、风干、变质等现象，确保其成分不发生任何变化。保存的方法是将制备好的样品放在密闭、洁净的容器内（优质磨口玻璃容器比较好），置于阴暗处保存；易腐败变质的样品放在 0～5 ℃的冰箱内，保存时间也不能太长；易分解的样品要避光保存；易失水的样品应先测定水分；特殊情况下，可加入不影响分析结果的防腐剂或冷冻干燥保存。

复检样品一般需要保存一个月，以备复查。保留期限从检验报告单签发日期计算。当易变质的食品不能保存时，应事先对送验单位说明。对感官不合格产品不必进行理化检验，可直接判定为不合格产品。最后，存放的样品应按日期、批号、编号摆放，以便查找。

任务 2　样品的预处理

由于食品组成复杂，既含有大分子的有机化合物（如蛋白质、糖、脂肪、维生素及因污染引入的有机农药等），也含有各种无机元素（如钾、钠、钙和铁等），这些组分往往以复杂的结合态或配合物的形式存在，对其中某个组分的含量进行测定时，常出现共存干扰的问题。此外，有些被测组分在食品中含量极低，如污染物、农药、黄曲霉毒素等，但危害很大，难以检出。要准确地测出它们的含量，必须在测定前，对样品进行浓缩富集，以满足测定方法的灵敏度。

样品预处理的目的就是首先使样品变成一种易于检测的形式（溶液或液体）排除共存干扰因素，完整地保留被测组分，必要时浓缩被测组分，以获得满意的分析结果。

样品预处理的方法，应根据项目测定的需要和样品的组成及性质而定。在各项目的分析检验方法标准中都有相应的规定和介绍。常用的方法有以下几种。

2.1 有机物破坏法

食品中的无机盐或金属离子，常与蛋白质等有机物质结合，成为难溶或难离解的有机金属化合物，使无机元素失去原有的特性，无法进行离子反应。欲测定其中的金属离子或无机盐的含量，需要在测定前破坏有机结合体，释放出被测组分，这一步骤称为样品的消化。

有机物破坏法通常是采用高温，或高温加强氧化条件，使试样中的有机物质彻底分解，其中碳、氢、氧元素生成二氧化碳和水呈气态逸散，而金属元素生成简单的无机金属离子化合物留在溶液中。该方法常用于食品中无机盐或金属离子的测定，还可以检测硫、氮、氯、磷等非金属元素。

有机物破坏法按操作方法的不同可分为干法灰化法、湿法消化法及微波消解法等。干法灰化法和湿法消化法又因原料的组成及被测元素的性质不同可有许多不同的操作条件，选择的原则如下：

(1)方法简便，使用试剂越少越好。

(2)方法耗时越短，有机物破坏越彻底越好。

(3)被测元素不受损失，破坏后的溶液容易处理，不影响以后的测定步骤。

1. 干法灰化法

将样品置于坩埚中，先在电炉上小火加热，使其中的有机物脱水、碳化、分解、氧化，再置于高温炉中灼烧(500～550 ℃)灰化，直至残灰为白色或灰色为止，否则应继续灼烧，所得残渣即无机成分。取出残灰，冷却后用稀盐酸或稀硝酸溶液过滤，滤液可供测定使用。

干法灰化法的优点是有机物破坏彻底，操作简便，使用试剂少，适用于除砷、汞、铅等以外的金属元素的测定，由于灼烧温度较高，所以这几种金属容易在高温下挥发损失。为了缩短灰化时间，促进灰化完全，防止有些元素的挥发损失，常常向样品中加入硝酸、过氧化氢等灰化助剂，以加快灰化速度。

2. 湿法消化法

湿法消化法是指在强酸性溶液中，在加热的条件下，向样品中加入强氧化剂，使有机质完全分解、氧化呈气态逸出，被测金属和无机盐则呈离子状态留在溶液中，供测试使用。常用的强氧化剂有浓硝酸、浓硫酸、高氯酸、高锰酸钾、过氧化氢等。整个消化过程都在液体状态下加热进行，故称为湿法消化。

湿法消化法的特点是加热温度较干法灰化法低，减少了金属挥发逸散的损失，因此应用较广泛。但在消化过程中，会产生大量有毒气体，操作须在通风柜中进行。此外，在消化初期，产生的大量泡沫易冲出瓶颈，造成损失，故须操作人员随时照管，操作中还应控制火力，注意防爆。湿法消化耗用的试剂较多，在做样品消化的同时，必须做空白试验。

近年来，发展了一种新型样品消化技术，即使用高压密封消化罐（又称高压溶样釜或高压密封溶样器），在加压下对试样进行湿法破坏。这种消化技术克服了常压湿法消化的缺点，但高压密封消化罐的使用寿命有限，要求密封程度高。

3. 微波消解法

微波消解法是一种以微波为能量对样品进行消解的新技术，包括溶解、干燥、灰化、浸取等，该法适用于处理大批量样品及萃取极性与热不稳定的化合物。微波消解法以其快速、溶解用量少、节省能源、易于实现自动化等优点而广泛应用，已用于消解废水、废渣、淤泥、生物组织、流体、医药等多种试样，被认为是"理化分析实验室的一次技术革命"。美国公共卫生组织已将该法作为测定金属离子时消解植物样品的标准方法。但由于其设备昂贵，我国还没有全面推广。

2.2 蒸馏法

蒸馏法是利用液体混合物中各组分挥发性的差异来进行分离的方法。它可以用于除去干扰组分，也可以将被测组分蒸馏逸出，收集馏出液进行分析。

例如，常量凯氏定氮法测定蛋白质含量，就是将蛋白质经过一系列处理后，转变成挥发性的氨，再进行蒸馏，以硼酸溶液吸收馏出的氨，然后测定吸收液中氨的含量，再换算为蛋白质含量。

根据样品组分性质不同，蒸馏方式可分为常压蒸馏、减压蒸馏及水蒸气蒸馏。

1. 常压蒸馏

常压蒸馏适用于样品组分受热不分解或沸点不太高的物质，如图 1-1 所示。加热方式可根据样品的沸点和性质确定：如果样品沸点不高于 90 ℃，可用水浴；有机溶剂要用水浴，并注意防火；如果样品沸点超过 90 ℃，可用油浴；样品为非易燃易爆物，可用垫石棉网的电炉或酒精灯直接加热。

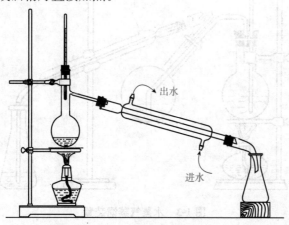

出水

进水

图 1-1　常压蒸馏装置

2. 减压蒸馏

在减压条件下，较低温度下物质的蒸气压容易与外界压力相等，因而沸腾。因此，在蒸馏时将蒸馏装置内气体压力减压使沸点降低。该法适用于常压下受热易分解或沸点太高的物质。减压蒸馏的装置较复杂，如图1-2所示。

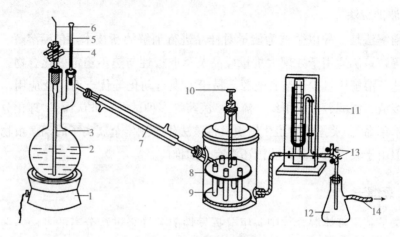

图 1-2　减压蒸馏装置

1—电炉；2—克莱因瓶；3—毛细管；4—螺旋止水夹；5—温度计；6—细铜丝；7—冷凝器；
8—接收瓶；9—接收管；10—转动把；11—压力计；12—安全瓶；13—三通管阀门；14—接抽气机

3. 水蒸气蒸馏

水蒸气蒸馏是用水蒸气加热混合液体(图1-3)，使具有一定挥发度的被测组分与水蒸气成比例地从溶液中一起蒸馏出来。水蒸气蒸馏适用于被测组分加热到沸点时可能发生分解；或被蒸馏组分沸点较高，直接加热蒸馏时，因受热不均易引起局部炭化的样品。

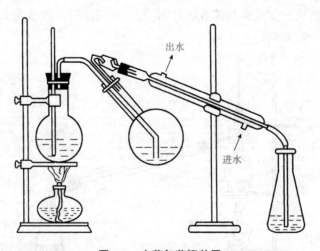

图 1-3　水蒸气蒸馏装置

操作初期，蒸汽发生瓶和蒸馏瓶先不连接，分别加热至沸腾，再用三通管将蒸汽发生瓶与蒸馏瓶连接好开始蒸馏。这样不致因蒸汽发生瓶产生的蒸汽遇到蒸馏瓶中的冷溶液凝结出大量的水增加体积而延长蒸馏时间。蒸馏结束后应先将蒸汽发生瓶与蒸馏瓶连接处拆开，再撤掉热源，否则会发生回吸现象而将接收瓶中蒸馏出的液体全部抽回去，甚至回吸到蒸汽发生瓶中。

2.3 溶剂提取法

溶剂提取法是利用混合物中各种组分在某种溶剂中溶解度的不同而将混合物完全或部分分离的方法。常用的无机溶剂有水、稀酸、稀碱溶液，有机溶剂有乙醇、乙醚、石油醚、氯仿、丙酮等。该法可用于从样品中提取被测物质或除去干扰物质。在食品分析中常用于维生素、重金属、农药及黄曲霉毒素的测定。

被提取的样品可以是固体或液体。溶剂提取法根据提取对象不同可分为浸取法和萃取。

1. 浸取法

利用适当的溶剂将固体样品中某种待测成分浸取出来称为浸取，又称为"液—固萃取法"。浸取法应用广泛，例如，用水浸提固体原料中的糖分；用石油醚浸提肉制品中的油脂；用乙醚反复浸取固体样品中的脂肪，而杂质不溶于乙醚，再使乙醚挥发掉，从而称出脂肪的质量。

(1)提取剂的选择。根据被测组分的性质来选择，即由相似相溶原理选择。对极性较弱的成分(如有机氯农药)，可用极性小的溶剂(如正己烷、石油醚)提取；对极性强的成分(如黄曲霉毒素 B_1)，可用极性大的溶剂(如甲醇与水混合液)提取。

此外，应选择沸点为 $45\sim80$ ℃的溶剂。若沸点低，易挥发；若沸点高，不易提纯、浓缩，溶剂与提取物不易分离。同时，应选择稳定性好的溶剂。

(2)常用的提取方法。

①振荡浸渍法。将切碎的样品放入选择好的溶剂系统，浸渍、振荡一定时间使被测组分被溶剂提取。该法操作简单，但回收率低。

②捣碎法。将切碎的样品放入捣碎机，加入溶剂，捣碎一定时间。被测成分被溶剂提取。该法回收率高，但选择性差，干扰杂质溶出较多。

③索氏提取法。将一定量样品放入索氏提取器，加入溶剂，加热回流一定时间，使被测组分被溶剂提取。该法溶剂用量少，提取完全，回收率高，但操作麻烦，需要使用专用的索氏提取器。

2. 萃取法

利用适当溶剂(常为有机溶剂)将液体样品中的被测组分(或杂质)提取出来，称为萃取。其原理是用一种溶剂把样品溶液中的一种组分萃取出来，这种组分在原溶液中的溶解度小于在新溶剂中的溶解度，即分配系数不同，从一相转移到另一相中而与其他组分分离。

该法适用于原溶液中各组分沸点非常相近或形成了共沸物，无法用一般蒸馏法分离的物质，例如，饮料中糖精钠、苯甲酸含量的测定。本法的优点是操作简单、快速，分离效果好，使用广泛；缺点是萃取剂易燃，有毒性。

(1)萃取剂的选择。萃取剂与被测组分的溶解度要大于组分在原溶剂中的溶解度，对其他组分溶解度很小；萃取剂与原溶剂不互溶且相对密度不同，两种溶剂易于分层，无泡沫。萃取相经蒸馏可使萃取剂与被测组分分开。

(2)萃取方法。常在分液漏斗中进行，一般需要萃取4～5次方可分离完全。若萃取剂比水轻，且从水溶液中提取分配系数小或振荡时易乳化的组分时，可采用连续液体萃取器。

①超临界流体萃取(SFE)是20世纪70年代开始用于工业生产中有机化合物萃取的，它是用超临界流体(最常用的是CO_2)作为萃取剂，从各组分复杂的样品中，把所需要的组分分离提取出来的一种分离提取技术。已有人将其用于色谱分析样品处理，此技术也可以与色谱仪器实现在线联用。

②微波萃取(MAE)是一种萃取速度快、试剂用量少、回收率高、灵敏，以及易于自动控制的新的样品制备技术，可用于色谱分析的样品制备，特别是从一些固态样品，如蔬菜、粮食、水果、茶叶、土壤及生物样品中萃取六六六、DDT等残留农药。

在食品分析中常用提取法分离、浓缩样品，浸取法和萃取法既可以单独使用，也可以联合使用。

2.4　色层分离法

色层分离法又称色谱分离法，是在载体上进行物质分离的一类方法的总称。根据分离原理的不同，可分为吸附色谱分离法、分配色谱分离法和离子交换色谱分离法等。此类分离方法分离效果好，在食品分析中被广泛应用。

1. 吸附色谱分离法

利用聚酰胺、硅胶、硅藻土和氧化铝等吸附剂，经活化处理后，所具有的适当的吸附能力，对被测组分或干扰组分进行选择性吸附而达到分离目的的方法称吸附色谱分离法。例如，聚酰胺对色素有强大的吸附力，而其他组分难以被其吸附，在测定食品中的色素含量时，常用聚酰胺吸附色素，再经过滤洗涤，然后用适当溶剂解吸，而得到较纯净的色素溶液，供测试用。吸附剂可以直接加入样品中吸附色素，也可以将吸附剂装入玻璃管制成吸附柱或涂布成薄层板使用。

2. 分配色谱分离法

分配色谱分离法是以分配作用为主的色谱分离法，是根据不同物质在两相间的分配比不同所进行的分离。两相中的一相是流动的，称为流动相；另一相是固定的，称为固定相。被分离的组分在流动相中沿着固定相移动的过程中，不同物质在两相中具有不同的分配比，当溶剂渗透在固定相中并向上伸展时，这些物质在两相中的分配作用反复进行，从而达到分离的目的。

例如，多糖类样品的纸上层析就是将多糖样品经酸水解处理、中和后制成试液，点样于滤纸上，用苯酚—1%氨水饱和溶液展开，苯胺邻苯二甲酸显色，于105 ℃加热数分钟，则可见到被分离开的戊醛糖(红棕色)、己醛糖(棕褐色)、己酮糖(淡棕色)、双糖类(黄棕色)的色斑。

该方法的特点是操作简便，分离效率高、速度快，不需要很复杂的设备，样品用量可大可小，已成为食品分析中常用的分离方法。

3. 离子交换色谱分离法

离子交换色谱分离法是利用离子交换剂与溶液中的离子之间所发生的交换反应来进行分离的方法。根据被交换离子的电荷可分为阳离子交换和阴离子交换。当将被测离子溶液(样液)与离子交换剂一起混合振荡，或将样液缓慢通过离子交换剂时，被测离子或干扰离子留在离子交换剂上，被交换出的 H^+ 或 OH^- 及不发生交换反应的其他物质留在溶液内，从而达到分离的目的。

该方法分离效率高，在分析领域广泛应用于微量组分的富集和高纯物质的制备；设备简单，树脂又具有再生能力，可以反复使用。在食品分析中，可应用离子交换色谱分离法制备无氨水、无铅水，或分离比较复杂的样品。

2.5　化学分离法

1. 磺化法和皂化法

磺化法和皂化法是除去油脂的方法，常用于农药分析中样品的净化，用来除去样品中的脂肪或处理油脂中的其他成分。

(1)磺化法。磺化法是用浓硫酸处理样品提取液，可以有效地除去脂肪、色素等干扰杂质。其原理是浓硫酸能使脂肪磺化，并与脂肪和色素中的不饱和键起加成作用，形成可溶于硫酸和水的强极性化合物，不再被弱极性的有机溶剂所溶解，从而达到分离净化的目的。此法简单、快速、净化效果好，但仅适用于对强酸稳定的被测组分的分离。例如，用于农药分析时，仅限于在强酸介质中稳定的农药(如有机氯农药中六六六、DDT)提取液的净化，其回收率在80%以上。

(2)皂化法。皂化法是用热碱溶液处理样品提取液，以除去脂肪等干扰杂质。其原理是利用氢氧化钾—乙醇溶液将脂肪等杂质皂化除去，以达到净化的目的。本法仅适用于对碱稳定的组分，如维生素 A、维生素 D 等提取液的净化。

2. 沉淀分离法

沉淀分离法是利用沉淀反应进行分离的方法。在试样中加入适当的沉淀剂，使被测组分沉淀下来，或将干扰组分沉淀下来，经过过滤或离心将沉淀与母液分开，从而达到分离的目的。例如，测定冷饮中糖精钠含量时，可在试剂中加入碱性硫酸铜，将蛋白质等干扰杂质沉淀下来，而糖精钠仍留在试液中，经过滤除去沉淀后，取滤液进行分析。

常用的沉淀剂有碱性硫酸铜、碱性醋酸铅等。

3. 掩蔽法

掩蔽法是指利用掩蔽剂与样液中干扰成分作用，使干扰成分转变为不干扰测定状态，即被掩蔽起来。用这种方法可以不经过分离干扰成分的操作而消除其干扰作用，简化分析步骤，因而在食品分析中应用十分广泛，常用于金属元素的测定。如用二硫腙比色法测定铅时，在测定条件($pH=9.0$)下，Cu^{2+}、Cd^{2+}等离子对测定有干扰，可加入氰化钾和柠檬酸铵掩蔽，消除它们的干扰。

2.6 浓缩法

食品样品经提取、净化后，有时净化液的体积较大，而被测组分的浓度太小影响其分析检测，在测定前须进行浓缩，以提高被测组分的浓度。常用的浓缩方法有常压浓缩法和减压浓缩法两种。

1. 常压浓缩法

此法主要用于待测组分为非挥发性的样品净化液的浓缩，否则会造成待测组分的损失。通常采用蒸发皿直接挥发，若要回收溶剂，则可用一般蒸馏装置或旋转蒸发器。该方法简便、快速，比较常用。

2. 减压浓缩法

此方法主要用于待测组分为热不稳定性或易挥发的样品净化液的浓缩，通常采用K-D浓缩器。浓缩时，采用水浴加热并抽气减压，可使浓缩在较低的温度下进行。此法浓缩温度低、速度快、被测组分损失少，特别适用于农药残留量分析中样品净化液的浓缩(如有机磷农药的测定)。

任务3　分析方法的选择与数据处理

3.1　分析方法的选择

食品理化分析的目的在于为生产部门和市场管理监督部门提供准确、可靠的分析数据。为了达到这一目的，除了需要采取正确的方法采样并对样品进行合理的制备和预处理外，在众多分析方法中，选择正确的分析方法是保证分析结果准确的关键环节。如果选择的分析方法不恰当，即使前面环节非常严格、正确，得到的分析结果也可能是毫无意义的，甚至会给生产和管理带来错误的信息，造成人力、物力的损失。因此，要综合考虑各种因素合理选择分析方法。

食品理化分析方法的选择通常要考虑到样品的分析目的、分析方法本身的特点(如专一性、准确度、精密度、分析速度、设备条件、成本费用、操作要求等,以及方法的有效性和适用性等)。一般来说,应该综合考虑下列因素。

1. 分析要求的准确度和精密度

不同分析方法的灵敏度、选择性、准确度、精密度各不相同,要根据生产和科研工作对分析结果要求的准确度和精密度来选择适当的分析方法。如食品中微量元素的测定采用仪器分析的方法。

2. 分析方法的繁简程度和速度

不同分析方法操作步骤的繁简程度和所需时间及劳动力各不相同,每样次分析的费用也不同。要根据待测样品的数目和要求及取得分析结果的时间等来选择适当的分析方法。同一样品需要测定几种成分时,应尽可能选用能用同一份样品处理液同时测定几种成分的方法,以达到简便、快速的目的。

3. 样品的特性

各种样品中待测成分的形态和含量不同,可能存在的干扰物质及其含量不同,样品的溶解和待测成分提取的难易程度也不相同。要根据样品的这些特征来选择制备待测液、定量某成分和消除干扰的适宜方法。

4. 现有条件

分析工作一般在实验室进行,各级实验室的设备条件和技术条件各不相同,应根据具体条件来选择适当的分析方法。

在具体情况下究竟选用哪一种方法,必须综合考虑上述各项因素,但首先必须了解各类方法的特点,如方法的精密度、准确度、灵敏度等,以便加以比较。用于生产过程指导或企业内部的质量评估,可选用分析速度快、操作简单、费用低的方法;而对于成品质量鉴定或营养标签的产品分析,应采用法定分析方法。采用标准的分析方法,利用统一的技术手段,对于比较与鉴别产品质量、在各种贸易往来中提供统一的技术依据、提高分析结果的权威性有重要的意义。

3.2 分析方法的评价

在研究一个分析方法时,通常用准确度、精密度和灵敏度这三项指标评价。

1. 准确度

准确度是指测定值与真实值相接近的程度。误差是指测定值与真实值之间的差值。分析过程中的误差越小,分析结果的准确度越高;反之,误差越大,准确度越低。因此,误差的大小是衡量准确度高低的尺度。

分析方法的准确度还可以通过做回收试验,计算回收率,以回收率表示。在回收试验中，加入已知量的标准物质的样品，称为加标样品。未加标准物质的样品称为未知样品。在相同条件下用同种方法对加标样品和未知样品进行预处理和测定，按下列公式计算出加入标准物质的回收率：

$$P = \frac{x_1 - x_0}{m} \times 100\%$$

式中　P——加入标准物质的回收率(%)；

　　　m——加入标准物质的量；

　　　x_0——未知样品的测定值；

　　　x_1——加标样品的测定值。

2. 精密度

精密度是指在相同条件下，对同一试样多次重复测定时，所得各次分析结果互相接近的程度。精密度通常用偏差来表示。偏差越小，精密度越高，即偏差的大小是衡量精密度高低的尺度。在考虑一种分析方法的精密度时，通常用标准偏差和变异系数来表示。

单次测定的标准偏差(s)可按下列公式计算：

$$s = \sqrt{\frac{\sum\limits_{i=1}^{n}(x - \bar{x})^2}{n - 1}}$$

相对标准偏差又称变异系数，是指标准偏差占平均值的百分率，用 CV 表示。

$$CV = \frac{s}{\bar{x}} \times 100\%$$

准确度与精密度是两个不同的概念，它们之间有一定的关系，测定分析结果必须从准确度和精密度两个方面来度量。精密度高不一定准确度高，但准确度高一定要精密度高。因此，精密度是保证准确度的先决条件。若精密度低，所得结果不可靠，则失去了衡量准确度的前提。对于一个符合要求的分析测定结果，应同时有比较高的精密度和准确度。因此，应将分析中的系统误差和偶然误差综合考虑，以提高分析结果的准确度。

3. 灵敏度

灵敏度是指分析方法所能检测到的最低量。不同的分析方法有不同的灵敏度，一般仪器分析方法具有较高的灵敏度，而化学分析方法的灵敏度相对较低。

在选择分析方法时，要根据待测成分的含量范围选择适宜的方法。一般来说，待测成分含量低时，须选用灵敏度高的方法；待测成分含量高时，宜选用灵敏度低的方法，以减小由于稀释倍数太大所引起的误差。由此可见，灵敏度的高低并不是评价分析方法好坏的绝对标准。

3.3 分析结果的表示

食品分析项目众多，某些项目检验结果还可以用多种化学形式来表示，如硫含量，可用 S^{2-}、SO_2、SO_3、SO_4^{2-} 化学形式表示，它们的数值各不相同。测定结果的单位也有多种形式，如 mg/L、g/L、mg/kg、g/kg、mg/(100 g)、质量分数(%)等，取不同单位时显然结果的数值不同。统计处理结果的表示方法也多种多样，如算术平均值($\bar{x}$)、极差(R)、标准偏差(s)等，表示测定数据的离散程度(精密度)。

原则上讲，食品分析要求提出的测定结果既反映数据的集中趋势，又反映测定精密度及测定次数，另外，还要照顾食品分析自身的习惯表示法。

通常，食品的分析中报出的测定结果的单位采用 g/(100 g)或质量分数(%)，而对食品中微量元素的测定结果的单位采用 mg/kg 或 μg/mg，统计处理的结果采用测定值的算术平均数($\bar{x}$)与极差($R = x_{max} - x_{min}$)同时表示。当测定数据的重现性较好时，测定次数 n 通常为 2 次；当测定数据的重现性较差时，分析次数应相应地增加。

3.4 分析结果的数据处理

1. 有效数字及运算规则

(1)有效数字。在分析工作中实际能测量到的数字称为有效数字。在记录有效数字时，除有特殊规定外，一般可疑数为最后一位，有 1 个单位的误差。

(2)有效数字修约规则。采用"四舍六入五成双"规则舍去多余的数字，即当尾数小于等于 4 时，则舍去；尾数大于等于 6 时，则进位；尾数等于 5 时，5 前面为偶数则舍去，前面为奇数则进位；当 5 后面还有不是零的任何数时，无论 5 前面是偶数还是奇数，都进位。

(3)有效数字运算规则。在分析结果的计算中，每个测量值的误差都会传递到最终结果。因此，必须运用有效数字的运算规则，做到取舍合理，既不无原则地保留过多位数使计算复杂化，也不应任意舍弃尾数而使准确度受到影响。计算时应先按下述规则将各个数据进行修约，再计算结果。

在加减运算时，应以参加运算的各数据中小数点后位数最少(绝对误差最大)的数据为依据，以保留其他各数的位数。

在乘除法运算中，应以参加运算的各数据中有效数字位数最少(相对误差最大)的数据为标准，以保留其他各数的位数。

复杂运算时，其中间过程可多保留一位，最后结果须保留应有的位数。

2. 可疑数据的取舍

在重复多次测定时，如出现特大或特小的离群值，即可疑值时，又不是由明显的过失造成的，就要根据随机误差分布规律决定取舍。可疑值的取舍方法常用 $4\bar{d}$ 检验法、Q 检验法、标准偏差法和置信区间法等。

(1)$4\bar{d}$ 检验法。$4\bar{d}$ 检验法也称"四倍平均偏差法"，用 $4\bar{d}$ 检验法判断可疑值取舍时，首先求出可疑值除外的其余数据的平均值 $\bar{x}$ 和平均偏差 $\bar{d}$，然后将可疑值与平均值进行比较，如绝对差值大于 $4\bar{d}$，则将可疑值舍去，否则应予保留。

$4\bar{d}$ 检验法计算简单，不必查表，但数据统计处理不够严密，常用于处理一些要求不高的分析数据。当 $4\bar{d}$ 检验法与其他检验法矛盾时，以其他法则为准。

(2)Q 检验法。当测定次数 $3 \leqslant n \leqslant 10$ 时，根据所要求的置信度，按照下列步骤，检验可疑数据是否应弃去。

①将各数据按递增的顺序排列：$x_1, x_2, x_3, \cdots, x_n$。

②计算出最大值与最小值之差，即 $(x_n - x_1)$。

③计算可疑数据与其最邻近数据之差，即 $(x_n - x_{n-1})$ 或 $(x_2 - x_1)$。

④计算 $Q = \dfrac{x_n - x_{n-1}}{x_n - x_1}$ 或 $Q = \dfrac{x_2 - x_1}{x_n - x_1}$。

⑤根据测定次数 n 和要求的置信度，查表 1-1，得 Q。

表 1-1　舍弃可疑数据的 Q 值(置信度 90% 和 95%)

测定次数	3	4	5	6	7	8	9	10
$Q_{0.90}$	0.94	0.76	0.64	0.56	0.51	0.47	0.44	0.41
$Q_{0.95}$	1.53	1.05	0.86	0.76	0.69	0.64	0.60	0.58

⑥将 Q 与 $Q_{表}$ 相比，若 $Q > Q_{表}$，则舍去可疑值，否则应予保留。

任务4　分析结果报告

4.1　检验记录的填写

(1)填写内容要真实、完全、正确，记录方式要简单明了。

(2)内容包括样品来源、名称、编号，采样地点，样品处理方式、包装与保管等情况，检验分析项目，采用的分析方法，检验依据(标准)。

(3)操作记录包括操作要点，操作条件，试剂名称、纯度、浓度、用量，意外问题及处理。

(4)要求字迹清楚整齐，用钢笔填写，不允许随意涂改，只能修改，但一般不超过3处，更正方法：在需要更正部分划两条平行线后，在其上方写上正确的数字和文字(实际岗位要求加盖更改人印章)。

(5)数据记录要根据仪器准确度要求记录，如果操作过程错误，得到的数据必须舍去。

4.2 检验报告格式

检验报告内容包括样品名称、生产厂家、样品批号、受检单位、样品数量、代表数量、样品包装、收检日期、检验目的、检验起止日期、检验结果、检验员签字、主管负责人签字、检验单位公章等。

项目 2　粮油及其制品检验

 **学习目标**

知识目标

掌握水分、灰分、脂肪、蛋白质、酸价、过氧化值的测定原理、操作步骤及数据处理方法。

能力目标

能够采用直接干燥法、高温灼烧法、索氏抽提法、凯氏定氮法、冷溶剂指示剂滴定法、滴定法独立进行水分、灰分、脂肪、蛋白质、酸价、过氧化值的测定工作。

素质目标

1. 培养科学严谨的探索精神和实事求是、独立思考的工作态度；
2. 培养求真务实、勇于实践的工匠精神和创新精神；
3. 养成严格遵守安全操作规程的安全意识。

任务 1　大米水分测定

水分是大米的质量指标之一，主要影响大米的安全，一旦大米水分含量超标，就易引发大米霉变。因此，为确保大米不发生霉变，大米的水分含量就要严格控制在一定范围。《大米》(GB/T 1354—2018)规定：籼米水分≤14.5%，粳米水分≤15.5%。

🧳 任务描述

某大米加工企业生产一批大米，检验员对其水分含量进行测定，判断是否符合大米质量标准的要求。

🧳 测定方法及测定原理

【测定方法】

《食品安全国家标准　食品中水分的测定》(GB 5009.3—2016)中第一法直接干燥法，适用于在101～105 ℃下，蔬菜、谷物及其制品、水产品、豆制品、乳制品、肉制品、卤菜制品、粮食(水分含量低于18%)、油料(水分含量低于13%)、淀粉及茶叶类等食品中水分的测定，不适用于水分含量小于 0.5 g/(100 g)的样品。

【测定原理】

在一个大气压下(101.3 kPa)，101～105 ℃进行加热，食品中的水分受热以后蒸发出来，根据干燥前后的称量数值计算水分的含量。

任务实施

【仪器用具准备】

大米水分测定仪器用具如图 2-1 所示。

粉碎机

分析天平(感量 0.1 mg)

称量瓶(铝盒)

称量瓶(玻璃称量皿)

电热恒温干燥箱

干燥器

图 2-1　大米水分测定仪器用具

【样品检测】

1. 称量瓶的准备

取洁净称量瓶，置于 101～105 ℃电热恒温干燥箱中，瓶盖斜支于瓶边，加热 1.0 h，取出盖好，置干燥器内冷却 0.5 h，称量，并重复干燥至恒重(前后两次质量差不超过 2 mg)。

2. 试样制备

分取大米 30～50 g，用粉碎机磨碎至颗粒直径小于 2 mm，混匀备用。

3. 试样烘干

称取 2～10 g 试样，放入已处理至恒重的称量瓶，试样厚度不超过 5 mm，如为疏松试样，厚度不超过 10 mm，立即加盖，精密称量后，置于 101～105 ℃电热恒温干燥箱中，瓶盖斜支于瓶边，干燥 2～4 h 后，盖好取出。放入干燥器内冷却 0.5 h 后称量。然后放入 101～105 ℃电热恒温干燥箱中干燥 1 h 左右，取出，放入干燥器内冷却 0.5 h 后再称量。并重复以上操作至前后两次质量差不超过 2 mg，即为恒重。

【数据处理】

试样中的水分含量按下式计算：

$$X = \frac{m_1 - m_2}{m_1 - m_3} \times 100$$

式中　X——试样中的水分含量[g/(100 g)]；

　　　m_1——烘干前试样和称量瓶质量(g)；

　　　m_2——烘干后试样和称量瓶质量(g)；

　　　m_3——称量瓶的质量(g)。

水分含量≥1 g/(100 g)时，计算结果保留三位有效数字；水分含量＜1 g/(100 g)时，计算结果保留两位有效数字。

【精密度】

在精密度条件下获得的两次独立测定结果的绝对差值不得超过算术平均值的 10%。

📖 知识链接

GB 5009.3—2016　　　　GB/T 1354—2018

⌨ 检验报告单

检验报告单见表 2-1。

表 2-1 检验报告单

样品名称		样品状态	
检验项目		检验方法	
检验人		检验日期	
平行试验		1	2
称量瓶编号			
称量瓶质量/g			
试样质量/g			
称量瓶＋试样干燥后的质量/g			
水分含量/[g·(100 g)⁻¹]			
水分含量平均值/[g·(100 g)⁻¹]			
相对相差/％			
精密度判断		□相对相差≤10％，符合精密度要求 □相对相差＞10％，不符合精密度要求	
检测结果		□大米水分含量为_____ □精密度不符合要求，应重新测定	
检测结论			

任务2 面粉灰分测定

食品灰分是指食品经高温灼烧后残留下来的无机物质。

灰分是衡量面粉加工精度的一项指标。一般情况下加工精度越高，出粉率越低，灰分就越低；如果加工精度合格，灰分含量超标，则说明原料中可能混有杂质或在加工过程中可能混入一些泥沙等机械污染物。

《小麦粉》(GB/T 1355—2021)规定：精制粉灰分含量(以干基计)≤0.7%，标准粉灰分含量(以干基计)≤1.1%，普通粉灰分含量(以干基计)≤1.6%。

任务描述

某面粉加工企业生产一批精制粉，检验员对其灰分含量进行测定，判断是否符合精制粉质量标准的要求。

测定方法及测定原理

【测定方法】

《食品安全国家标准 食品中灰分的测定》(GB 5009.4—2016)中食品中总灰分的测定适用于食品中灰分的测定(淀粉类灰分的方法适用于灰分质量分数不大于2%的淀粉和变性淀粉)。

【测定原理】

将样品经炭化后置于(550±25)℃高温炉内灼烧，样品中的水分及挥发物质以气态放出，有机物质中的碳、氢、氮等元素与有机物质本身的氧及空气中的氧生成二氧化碳、氮氧化物及水分而散失，无机物质以硫酸盐、磷酸盐、碳酸盐、氧化物等无机盐和金属氧化物的形式残留下来，这些残留物即为灰分，称量灰分的质量即可计算出样品中总灰分的含量。

任务实施

【仪器用具准备】

面粉灰分测定仪器用具如图2-2所示。

分析天平(感量 0.1 mg)

瓷坩埚

电炉

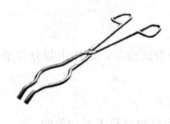
坩埚钳

高温炉

干燥器

图 2-2　面粉灰分测定仪器用具

【样品检测】

1. 坩埚预处理

取大小适宜的瓷坩埚或石英坩埚置于高温炉中，在(550±25)℃下灼烧 30 min，冷却至 200 ℃左右取出，放入干燥器中冷却 30 min，准确称量(精确至 0.000 1 g)。重复灼烧至前后两次称量相差不超过 0.5 mg 为恒重。

2. 试样的炭化

用灼烧至恒重的坩埚称取试样 3～10 g(精确至 0.000 1 g)，将盛有试样的坩埚置于电热板上，以小火加热，使试样充分炭化至无烟。

3. 试样的灰化

将炭化后的盛有试样的坩埚置于高温炉中，在(550±25)℃灼烧 4 h。冷却至 200 ℃以下后取出，放入干燥器中冷却 30 min，准确称量(若在称量时发现残渣内有炭粒，应向残渣中滴入少许水湿润，使结块松散，然后蒸出水分，再次灼烧直至无炭粒，即灰化完全后再称量)。重复灼烧至前后两次称量相差不超过 0.5 mg 为恒重。

【数据处理】

(1)以试样质量计，按下式计算：

$$X = \frac{m_1 - m_2}{m_3 - m_2} \times 100$$

式中　X——试样中灰分的含量[g/(100 g)]；

m_1——坩埚和灰分的质量(g);

m_2——坩埚的质量(g);

m_3——坩埚和试样的质量(g)。

（2）以干物质计，按下式计算：

$$X=\frac{m_1-m_2}{(m_3-m_2)\times w}\times 100$$

式中　X——试样中灰分的含量[g/(100 g)]；

m_1——坩埚和灰分的质量(g);

m_2——坩埚的质量(g);

m_3——坩埚和试样的质量(g);

w——试样干物质含量(质量分数)(%)。

试样中灰分含量≥10 g/(100 g)时，计算结果保留三位有效数字；试样中灰分含量<10 g/(100 g)时，计算结果保留两位有效数字。

【精密度】

在精密度条件下获得的两次独立测定结果的绝对差值不得超过算术平均值的5%。

⌨ 知识链接

GB 5009.4—2016　　　　**GB/T 1355—2021**

检验报告单

检验报告单见表 2-2。

表 2-2　检验报告单

样品名称		样品状态	
检验项目		检验方法	
检验人		检验日期	
平行试验		1	2
坩埚编号			
坩埚质量/g			
试样质量/g			
试样水分含量/$[g \cdot (100\ g)^{-1}]$			
坩埚+灰分质量/g			
灰分含量(干基)/$[g \cdot (100\ g)^{-1}]$			
灰分含量平均值(干基)/$[g \cdot (100\ g)^{-1}]$			
相对相差/%			
精密度判断		□相对相差≤5%，符合精密度要求 □相对相差>5%，不符合精密度要求	
检测结果		□面粉灰分含量为＿＿＿＿＿＿＿＿＿ □精密度不符合要求，应重新测定	
检测结论			

任务3　方便面中脂肪含量测定

脂肪含量是食品中一项重要的控制指标。测定食品中脂肪含量，不仅可以用来评价食品的品质、衡量食品的营养价值，而且对实现生产过程的质量管理、实行工艺监督等方面有着重要的意义。

《方便面》(GB/T 40772—2021)规定：油炸方便面脂肪含量≤24.0%。

任务描述

市场监督管理部门抽检一批方便面，检验员对其脂肪含量进行测定，判断是否符合方便面质量标准的要求。

测定方法及测定原理

【测定方法】

《食品安全国家标准　食品中脂肪的测定》(GB 5009.6—2016)中第一法索氏抽提法，适用于水果、蔬菜及其制品、粮食及粮食制品、肉及肉制品、蛋及蛋制品、水产及其制品、焙烤食品、糖果等食品中游离态脂肪含量的测定。

【测定原理】

利用脂肪能溶于有机溶剂的性质，在索氏抽提器中将样品用无水乙醚或石油醚等有机溶剂反复萃取，提取出样品中的脂肪，然后蒸发除去溶剂，称量进而得出脂肪含量。

任务实施

【仪器用具准备】

方便面中脂肪含量测定仪器用具如图 2-3 所示。

粉碎机　　　　　　　分析天平(感量 0.1 mg)　　　　　　滤纸

图 2-3　方便面中脂肪含量测定仪器用具

索氏抽提器

电热恒温干燥箱

干燥器

图 2-3　方便面中脂肪含量测定仪器用具(续)

【试剂准备】

试剂及要求见表 2-3。

表 2-3　试剂及要求

试剂名称	要求
石油醚(C_nH_{2n+2})	石油醚沸程为 30～60 ℃
无水乙醚($C_4H_{10}O$)	—

【样品检测】

1. 试样处理

称取混匀后的试样 2～5 g(准确至 0.001 g)，全部移入滤纸筒。

2. 抽提

将滤纸筒放入索氏抽提器，连接已干燥至恒重的接收瓶，由索氏抽提器冷凝管上端加入无水乙醚或石油醚至瓶内容积的 2/3 处，于水浴上加热，使无水乙醚或石油醚不断回流抽提(6～8 次/h)，一般抽提 6～10 h。提取结束时，用磨砂玻璃棒接取 1 滴提取液，磨砂玻璃棒上无油斑表明提取完毕。

3. 称量

取下接收瓶，回收无水乙醚或石油醚，待接收瓶内溶剂剩余 1～2 mL 时在水浴上蒸干，再于电热恒温干燥箱(100±5)℃干燥 1 h，放入干燥器内冷却 0.5 h 后称量。重复以上操作直至恒重(前后两次称量的差不超过 2 mg)。

【数据处理】

试样中的脂肪含量按下式计算：

$$X=\frac{m_1-m_0}{m_2}\times100$$

式中　X——试样中脂肪的含量[g/(100 g)]；

　　　m_2——试样的质量(g)；

　　　m_1——恒重后脂肪和接收瓶的质量(g)；

m_0——接收瓶的质量(g)。

计算结果表示到小数点后一位。

【精密度】

在精密度条件下获得的两次独立测定结果的绝对差值不得超过算术平均值的10%。

📖**知识链接**

GB 5009.6—2016　　　　GB/T 40772—2021

检验报告单

检验报告单见表 2-4。

表 2-4　检验报告单

样品名称		样品状态		
检验项目		检验方法		
检验人		检验日期		
平行试验		1		2
接收瓶编号				
接收瓶质量/g				
试样质量/g				
试样水分含量/$[g \cdot (100\ g)^{-1}]$				
接收瓶+脂肪质量/g				
脂肪含量(干基)/$[g \cdot (100\ g)^{-1}]$				
脂肪含量平均值(干基)/$[g \cdot (100\ g)^{-1}]$				
相对相差/%				
精密度判断		□相对相差≤10%，符合精密度要求 □相对相差>10%，不符合精密度要求		
检测结果		□方便面脂肪含量为＿＿＿＿＿＿ □精密度不符合要求，应重新测定		
检测结论				

任务4 豆粉蛋白质含量测定

蛋白质是人体的重要营养物质，也是食品中的重要营养指标。测定食品中蛋白质含量，对评价食品的营养价值、合理开发利用食品资源、提高产品质量、优化食品配方、指导经济核算及生产过程控制均具有极其重要的意义。

《速溶豆粉和豆奶粉》(GB/T 18738—2006)规定：普通型豆奶粉蛋白质≥18.0%；高蛋白型豆奶粉蛋白质≥22.0%。

任务描述

市场监督管理部门抽检一批豆奶粉，检验员对其蛋白质含量进行测定，判断是否符合豆奶粉质量标准。

测定方法及测定原理

【测定方法】

《食品安全国家标准 食品中蛋白质的测定》(GB 5009.5—2016)中第一法凯氏定氮法，适用于各种食品中蛋白质的测定，不适用于添加无机含氮物质、有机非蛋白质含氮物质的食品的测定。

【测定原理】

食品中的蛋白质在催化加热条件下被分解，产生的氨与硫酸结合生成硫酸铵。碱化蒸馏使氨蒸出，用硼酸吸收后再以标准盐酸或硫酸溶液滴定。根据酸的消耗量计算出氮的含量，再乘以换算系数，即为蛋白质的含量。

任务实施

【仪器用具准备】

豆粉蛋白质含量测定仪器用具如图 2-4 所示。

分析天平(感量 0.1 mg)

凯氏定氮瓶

容量瓶(100 mL)

图 2-4 豆粉蛋白质含量测定仪器用具

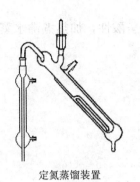
定氮蒸馏装置

锥形瓶(250 mL)

滴定管

图 2-4　豆粉蛋白质含量测定仪器用具(续)

【试剂准备】

试剂及配制方法见表 2-5。

表 2-5　试剂及配制方法

试剂名称	配制方法
硫酸铜($CuSO_4 \cdot 5H_2O$)	—
硫酸钾	—
硫酸(密度 1.841 9 g/L)	—
硼酸溶液(20 g/L)	称取 20 g 硼酸，加水溶解后并稀释至 1 000 mL
氢氧化钠溶液(400 g/L)	称取 40 g 氢氧化钠加水溶解后放冷，并稀释至 100 mL
盐酸标准滴定溶液(0.050 0 mol/L)	按 GB/T 601—2016 配制和标定
甲基红乙醇溶液(1 g/L)	称取 0.1 g 甲基红，溶于 95％乙醇并稀释至 100 mL
溴甲酚绿乙醇溶液(1 g/L)	称取 0.1 g 溴甲酚绿，溶于 95％乙醇并稀释至 100 mL
混合指示液	1 份甲基红乙醇溶液与 5 份溴甲酚绿乙醇溶液临用时混合

【样品检测】

1. 试样处理(消化)

称取混匀的大豆试样 0.2～2 g 移入干燥的 250 mL 凯氏定氮瓶，加入 0.4 g 硫酸铜、6 g 硫酸钾及 20 mL 浓硫酸，轻摇后于瓶口放一小漏斗，将瓶以 45°斜支于有小孔的石棉网上。小心加热，待内容物全部炭化、泡沫完全停止后，加强火力，并保持瓶内液体微沸，至液体呈蓝绿色澄清透明后，再继续加热 0.5～1 h。取下放冷，小心加入 20 mL 水，放冷后，移入 100 mL 容量瓶，并用少量水洗定氮瓶，洗液并入容量瓶，再加水至刻度，混匀备用。同时做试剂空白试验。

2. 蒸馏与吸收

按仪器装置图装好定氮蒸馏装置(图 2-5)，向水蒸气发生器内装水至 2/3 处，加入数粒玻璃珠,加甲基红指示液数滴及数毫升硫酸,以保持水呈酸性,加热煮沸水蒸气发生器内的水并保持沸腾。

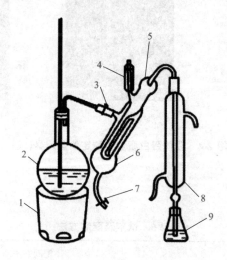

图 2-5   定氮蒸馏装置

1—电炉;2—水蒸气发生器(2 L 烧瓶);3—螺旋夹;4—小玻杯及棒状玻塞;
5—反应室;6—反应室外层;7—橡皮管及螺旋夹;8—冷凝管;9—蒸馏液接收瓶

向接收瓶内加入 10.0 mL 硼酸溶液及 2 滴混合指示液,并使冷凝管的下端插入液面下,根据试样中氮含量,准确吸取 2.0~10.0 mL 试样处理液由小玻杯注入反应室,以 10 mL 水洗涤小玻杯并使之流入反应室,随后塞紧棒状玻塞。将 10 mL 氢氧化钠溶液倒入小玻杯,提起棒状玻塞使其缓缓流入反应室,立即将玻塞盖紧,并水封。夹紧螺旋夹,开始蒸馏。蒸馏 10 min 后,移动接收瓶,使冷凝管下端离开液面,再蒸馏 1 min,然后用少量水冲洗冷凝管下端外部,取下接收瓶。

3. 滴定

以盐酸或硫酸标准溶液滴定至浅灰红色终点。

4. 试剂空白试验

在样品测定的同时,做试剂空白试验。

【数据处理】

试样中蛋白质含量按下式计算:

$$X = \frac{c(V_1 - V_2) \times 0.014}{m} \times \frac{100}{V_3} \times F \times 100$$

式中 X——试样中蛋白质的含量[g/(100 g)];

   V_1——试样消耗硫酸或盐酸标准滴定溶液的体积(mL);

   V_2——试剂空白消耗硫酸或盐酸标准滴定溶液的体积(mL);

   V_3——吸取消化液的体积(mL);

    c——硫酸或盐酸标准滴定溶液的浓度(mol/L)；

    m——试样的质量(g)；

    F——氮换算为蛋白质的系数。一般食物为 6.25，乳制品为 6.38，面粉为 5.70，
           大豆及其制品为 5.71，肉及肉制品为 6.25，芝麻、向日葵为 5.30。

    蛋白质含量≥1 g/(100 g)时，计算结果保留三位有效数字；蛋白质含量<1 g/(100 g)时，计算结果保留两位有效数字。

【精密度】

    在精密度条件下获得的两次独立测定结果的绝对差值不得超过算术平均值的 10%。

⌨ **知识链接**

GB 5009.5—2016   GB/T 18738—2006

检验报告单

检验报告单见表 2-6。

表 2-6　检验报告单

样品名称		样品状态	
检验项目		检验方法	
检验人		检验日期	
平行试验		1	2
试样质量/g			
盐酸标准滴定溶液的浓度/(mol·L)			
试样消耗盐酸标准滴定溶液的体积/mL			
试剂空白消耗盐酸标准滴定溶液的体积/mL			
蛋白质含量/[g·(100 g)$^{-1}$]			
蛋白质含量平均值/[g·(100 g)$^{-1}$]			
相对相差/%			
精密度判断		□相对相差≤10%，符合精密度要求 □相对相差>10%，不符合精密度要求	
检测结果		□豆粉蛋白质含量为_____ □精密度不符合要求，应重新测定	
检测结论			

任务 5　油脂酸价测定

油脂酸价(酸值)是指中和 1 g 油脂中的游离脂肪酸所需氢氧化钾的毫克数。

酸值是反映油脂新鲜度和是否酸败的重要卫生指标,油脂的氧化分解会使油脂分解产生脂肪酸、醛类和酮类等物质,这不仅使产品的色、香、味发生改变,而且氧化产物如醛、酮等具有一定的毒性,会影响人体健康。

《大豆油》(GB/T 1535—2017)规定的油脂酸价指标见表 2-7。

表 2-7　油脂酸价指标

项目	一级	二级	三级
酸价(KOH)/(mg·g⁻¹)	≤0.50	≤2.0	按照《食品安全国家标准 植物油》(GB 2716—2018)执行

📋 任务描述

某油脂企业生产一批大豆油,检验员对其酸价进行测定,判断是否符合大豆油质量标准。

📋 测定方法及测定原理

【测定方法】

《食品安全国家标准　食品中酸价的测定》(GB 5009.229—2016)中第一法冷溶剂指示剂滴定法适用于常温下能够被冷溶剂完全溶解成澄清溶液的食用油脂样品,适用范围包括食用植物油(辣椒油除外)、食用动物油、食用氢化油、起酥油、人造奶油、植脂奶油、植物油料共计 7 类。

【测定原理】

用有机溶剂将油脂试样溶解成样品溶液,再用氢氧化钾或氢氧化钠标准滴定溶液中和滴定样品溶液中的游离脂肪酸,以指示剂相应的颜色变化来判定滴定终点,最后通过滴定终点消耗的标准滴定溶液的体积计算油脂试样的酸价。

📋 任务实施

【仪器用具准备】

油脂酸价测定仪器用具如图 2-6 所示。

电子天平(感量 0.01 g)　　　　锥形瓶(250 mL)　　　　滴定管

图 2-6　油脂酸价测定仪器用具

【试剂准备】

试剂及配制方法见表 2-8。

表 2-8　试剂及配制方法

试剂名称	配制方法
氢氧化钾标准滴定溶液(0.1 mol/L)	按照 GB/T 601—2016 标准要求配制和标定
酚酞指示剂(10 g/L)	称取 1 g 酚酞溶于 100 mL 的 95％乙醇中
乙醚—异丙醇混合液	250 mL 乙醚与 250 mL 异丙醇充分混合

【样品检测】

1. 试样测定

取一个干净的 250 mL 的锥形瓶，按表 2-9 称取试样。

表 2-9　称取试样量

预计酸价	试样量/g	试样称量的准确值/g	使用滴定液的浓度/(mol·L⁻¹)
<1	20	0.05	0.1
1~4	10	0.02	0.1
4~15	2.5	0.01	0.1
15~75	0.5	0.001	0.1 或 0.5
>75	0.1	0.000 2	0.5

加入乙醚—异丙醇混合液 50~100 mL 和 3~4 滴酚酞指示剂，充分振摇溶解试样。用氢氧化钾或氢氧化钠标准滴定溶液滴定，当试样溶液初现微红色且 15 s 内无明显褪色时，为滴定的终点。记录此滴定所消耗的标准滴定溶液的体积(mL)。

2. 空白试验

另取一个干净的 250 mL 的锥形瓶，准确加入与试样测定时相同体积、相同种类的有机溶剂混合液和指示剂，振摇混匀。然后用氢氧化钾或氢氧化钠标准滴定溶液滴定，当溶液初现微红色且 15 s 内无明显褪色时，为滴定的终点。记录此滴定所消耗的标准滴定溶液的体积(mL)。

【数据处理】

酸价(又称酸值)按下式进行计算：

$$X = \frac{c \times (V - V_0) \times 56.1}{m}$$

式中　X——酸价(mg/g)；

　　　c——氢氧化钾或氢氧化钠标准滴定溶液的摩尔浓度(mol/L)；

　　　V——试样测定所消耗的标准滴定溶液的体积(mL)；

　　　V_0——相应的空白测定所消耗的标准滴定溶液的体积(mL)；

　　　m——油脂试样的质量(g)。

　　　56.1——氢氧化钾的摩尔质量(g/mol)。

酸价≤1 mg/g，计算结果保留两位小数；1 mg/g<酸价≤100 mg/g，计算结果保留一位小数；酸价>100 mg/g，计算结果保留至整数位。

【精密度】

当酸价<1 mg/g 时，在重复条件下获得的两次独立测定结果的绝对差值不得超过算术平均值的 15%。

当酸价≥1 mg/g 时，在重复条件下获得的两次独立测定结果的绝对差值不得超过算术平均值的 12%。

📖 知识扩展

①对于冷溶剂指示剂滴定法，也可在配制好的试样溶解液中滴加数滴指示剂，然后用标准滴定溶液滴定试样溶解液，直至相应的颜色变化且 15 s 内无明显褪色后停止滴定，表明试样溶解液的酸性正好被中和。以这种酸性被中和的试样溶解液溶解油脂试样，再用同样的方法继续滴定试样溶解液，直至相应的颜色变化且 15 s 内无明显褪色后停止滴定，记录此滴定所消耗的标准滴定溶液的毫升数，此数值为 V，如此无须再进行空白试验，即 $V_0 = 0$。

②对于深色泽的油脂样品，可用百里酚酞指示剂或碱性蓝 6B 指示剂取代酚酞指示剂，滴定时，当颜色变为蓝色时为百里酚酞指示剂的滴定终点，碱性蓝 6B 指示剂的滴定终点为由蓝色变红色。米糠油(稻米油)的冷溶剂指示剂滴定法测定酸价只能用碱性蓝 6B 指示剂。

百里酚酞指示剂：称取 2 g 的百里酚酞，加入 100 mL 的 95% 乙醇并搅拌至完全溶解。

碱性蓝6B指示剂：称取2 g的碱性蓝6B，加入100 mL的95％乙醇并搅拌至完全溶解。

知识链接

GB 5009. 229—2016

GB/T 1535—2017

⌨ 检验报告单

检验报告单见表 2-10。

表 2-10　检验报告单

样品名称		样品状态	
检验项目		检验方法	
检验人		检验日期	
平行试验		1	2
试样质量/g			
氢氧化钾标准滴定溶液的浓度/(mol·L⁻¹)			
试样消耗氢氧化钾标准滴定溶液的体积/mL			
试剂空白消耗氢氧化钾标准滴定溶液的体积/mL			
酸价/(mg·g⁻¹)			
酸价平均值/(mg·g⁻¹)			
相对相差/%			
精密度判断		□相对相差≤12%，符合精密度要求 □相对相差>12%，不符合精密度要求	
检测结果		□油脂酸价为_____ □精密度不符合要求，应重新测定	
检测结论			

任务6 油脂过氧化值测定

过氧化值是衡量油脂和脂肪酸等被氧化程度的一种指标。过氧化值增高，表明植物油的氧化程度增加，将导致油脂氧化劣质，产生大量对人体有害的低分子醛酮物质，降低植物油的营养价值。过氧化值超标的食用油口感具有哈喇味，还可能引起腹泻等胃肠不良反应。

过氧化值以 1 kg 样品中含有过氧化物的毫摩尔数表示。

《大豆油》(GB/T 1535—2017)规定油脂过氧化值见表 2-11。

表 2-11 油脂过氧化值

项目	一级	二级	三级
过氧化值/(mmol·kg^{-1})	≤5.0	≤6.0	按照《食品安全国家标准 植物油》(GB 2716—2018)执行

任务描述

市场监管部门抽检一批大豆油，检验员对其过氧化值进行测定，判断是否符合大豆油质量标准。

测定方法及测定原理

【测定方法】

《食品安全国家标准 食品中过氧化值的测定》(GB 5009.227—2023)中第一法滴定法，适用于食用动植物油脂、食用油脂制品，以小麦粉、谷物、坚果等植物性食品为原料经油炸、膨化、烘烤、调制、炒制等加工工艺而制成的食品，以及以动物性食品为原料经速冻、干制、腌制等加工工艺而制成的食品；不适用于植脂末等包埋类油脂制品的测定。

【测定原理】

油脂试样在三氯甲烷和冰乙酸中溶解，其中的过氧化物与碘化钾反应生成碘，用硫代硫酸钠标准溶液滴定析出的碘。用过氧化物相当于碘的质量分数或 1 kg 样品中活性氧的量(mmol)表示过氧化值的量。

任务实施

【仪器用具准备】

油脂过氧化值测定仪器用具如图 2-7 所示。

分析天平(感量 0.001 g)

碘量瓶(250 mL)

移液管(1 mL)

量筒(50 mL、100 mL)

滴定管

图 2-7　油脂过氧化值测定仪器用具

【试剂准备】

试剂及配制方法见表 2-12。

表 2-12　试剂及配制方法

试剂名称	配制方法
三氯甲烷—冰乙酸混合液	量取 40 mL 三氯甲烷，加 60 mL 冰乙酸，混匀
碘化钾饱和溶液	称取 20 g 碘化钾，加入 10 mL 新煮沸冷却的水，摇匀后储存于棕色瓶中，存放于避光处备用。要确保溶液中有碘化钾结晶存在
0.1 mol/L 硫代硫酸钠标准溶液	称取 26 g 硫代硫酸钠($Na_2S_2O_3 \cdot 5H_2O$)，加 0.2 g 无水碳酸钠，溶于 1 000 mL 水中，缓缓煮沸 10 min，冷却。放置两周后过滤、标定
0.01 mol/L 硫代硫酸钠标准溶液	由 0.1 mol/L 硫代硫酸钠标准溶液以新煮沸冷却的水稀释而成
1%淀粉指示剂	称取 0.5 g 可溶性淀粉，加少量水调成糊状。边搅拌边倒入 50 mL 沸水，再煮沸搅匀后，放冷备用。临用前配制

【样品检测】

应避免在阳光直射下进行试样测定。

(1)称取试样 2～3 g(精确至 0.001 g)，置于 250 mL 碘量瓶中，加入 30 mL 三氯甲烷—冰乙酸混合液，轻轻振摇使试样完全溶解。

（2）准确加入 1.00 mL 饱和碘化钾溶液，塞紧瓶盖，并轻轻振摇 0.5 min，在暗处放置 3 min。

（3）取出加 100 mL 水，摇匀后立即用硫代硫酸钠标准溶液[过氧化值估计值在 0.15 g/(100 g)及以下时，用 0.002 mol/L 标准溶液；过氧化值估计值大于 0.15 g/(100 g)时，用 0.01 mol/L 标准溶液]滴定析出的碘，滴定至淡黄色时，加 1 mL 淀粉指示剂，继续滴定并强烈振摇至溶液蓝色消失，即为终点。

（4）空白试验。空白试验所消耗 0.01 mol/L 硫代硫酸钠溶液体积 V，不得超过 0.1 mL。

【数据处理】

（1）过氧化值用过氧化物相当于碘的质量分数表示时，按下式计算：

$$X_1 = \frac{(V-V_0) \times c \times 0.126\,9}{m} \times 100$$

式中　X_1——过氧化值[g/(100 g)]；

　　　V——试样消耗的硫代硫酸钠标准溶液体积(mL)；

　　　V_0——空白试验消耗的硫代硫酸钠标准溶液体积(mL)；

　　　c——硫代硫酸钠标准溶液的浓度(mol/L)；

　　　0.126 9——与 1.00 mL 硫代硫酸钠标准滴定溶液[$c_{Na_2S_2O_3} = 1.000$ mol/L]相当的碘的质量；

　　　m——试样质量(g)；

　　　100——换算系数。

计算结果以精密度条件下获得的两次独立测定结果的算术平均值表示，结果保留两位有效数字。

（2）过氧化值用 1 kg 样品中活性氧的毫摩尔数表示时，按下式计算：

$$X_2 = \frac{(V-V_0) \times c}{2 \times m} \times 1\,000$$

式中　X_2——过氧化值(mmol/kg)；

　　　V——试样消耗的硫代硫酸钠标准溶液体积(mL)；

　　　V_0——空白试验消耗的硫代硫酸钠标准溶液体积(mL)；

　　　c——硫代硫酸钠标准溶液的浓度(mol/L)；

　　　m——试样质量(g)；

　　　1 000——换算系数。

计算结果以精密度条件下获得的两次独立测定结果的算术平均值表示，结果保留两位有效数字。

【精密度】

在精密度条件下获得的两次独立测定结果的绝对差值不得超过算术平均值的 10%。

GB 5009. 227—2023

GB/T 1535—2017

📇 检验报告单

检验报告单见表 2-13。

表 2-13　检验报告单

样品名称		样品状态	
检验项目		检验方法	
检验人		检验日期	
平行试验		1	2
试样质量/g			
硫代硫酸钠标准滴定溶液的浓度/$(mol \cdot L^{-1})$			
试样消耗硫代硫酸钠标准滴定溶液的体积/mL			
试剂空白消耗硫代硫酸钠标准滴定溶液的体积/mL			
过氧化值/$(mmol \cdot kg^{-1})$			
过氧化值平均值/$(mmol \cdot kg^{-1})$			
相对相差/%			
精密度判断		□相对相差≤10%，符合精密度要求 □相对相差＞10%，不符合精密度要求	
检测结果		□油脂过氧化值为＿＿＿＿＿＿ □精密度不符合要求，应重新测定	
检测结论			

2011 年 9 月 13 日，公安部发布消息，统一指挥浙江、山东、河南等地公安机关首次全环节破获了一起特大利用地沟油制售食用油的系列案件，摧毁了涉及 14 个省的"地沟油"犯罪网络，捣毁生产销售"黑工厂""黑窝点"6 个，抓获 32 名主要犯罪嫌疑人。

2021 年 3 月 21 日，在公安部统一指挥下，浙江、安徽、上海、江苏、重庆、山东 6 省市警方集中行动，摧毁一个特大跨省地沟油犯罪网络，捣毁炼制地沟油"黑工厂""黑窝点"13 处，抓获违法犯罪嫌疑人 100 余人，现场查扣地沟油 3 200 余吨。

地沟油可分为三类：一是狭义的地沟油，即将下水道中的油腻漂浮物或者将宾馆、酒楼的剩饭、剩菜（通称泔水）经过简单加工、提炼出的油；二是劣质猪肉、猪内脏、猪皮加工及提炼后产出的油；三是用于油炸食品的油使用超过一定次数后，再被重复使用或往其中添加一些新油后重新使用的油。

地沟油最大来源为城市大型饭店下水道的隔油池。有淘者对其进行加工，摇身变成餐桌上的"食用油"。他们每天从那里捞取大量暗淡混浊、略呈红色的膏状物，仅仅经过一夜的过滤、加热、沉淀、分离，就能让这些散发着恶臭的垃圾变身为清亮的"食用油"，最终通过低价销售，重返人们的餐桌。这种被称作"地沟油"的三无产品，其主要成分仍然是甘油三酯，却又比真正的食用油多了许多致病、致癌的毒性物质，是一种质量极差、极不卫生的非食用油。食用"地沟油"，会破坏人们的白细胞和消化道黏膜，引起食物中毒，甚至产生致癌的严重后果。因此，"地沟油"是严禁用于食用油领域的。但是，一些人私自生产加工"地沟油"并将其作为食用油低价销售给一些小餐馆，给人们的身心带来极大伤害。"地沟油"已经成为生活中给人们带来身体伤害的各类劣质油的代名词。

国务院办公厅于 2010 年 7 月发布文件，决定组织开展地沟油等城市餐厨废弃物资源化利用和无害化处理试点工作。2011 年 12 月卫生部向社会公开征集"地沟油"检测方法，并于 2012 年 5 月初步确定了 4 个仪器法和 3 个可现场使用的快速检测法。

项目3 乳及乳制品检验

 **学习目标**

知识目标

掌握生乳相对密度，牛乳杂质度，乳制品中脂肪、乳糖、蔗糖、非脂乳固体、酸度、钙的测定原理、操作步骤及数据处理方法。

能力目标

能够采用密度瓶法、过滤法、碱水解法、直接滴定法、酸水解—莱因—埃农氏法、计算法、酚酞指示剂法、火焰原子吸收光谱法独立进行生乳相对密度，牛乳杂质度，乳制品中脂肪、乳糖、蔗糖、非脂乳固体、酸度、钙的测定工作。

素质目标

1. 培养科学严谨的探索精神和实事求是、独立思考的工作态度；
2. 培养求真务实、勇于实践的工匠精神和创新精神；
3. 养成严格遵守安全操作规程的安全意识。

任务1 生乳相对密度测定

相对密度是在某一温度下，物质的质量与同体积水的质量的比值，以 d 表示。

各种液态食品都有其一定的相对密度，当其组成成分及浓度改变时，其相对密度也随之改变，故测定液态食品的相对密度可以检验食品的纯度或浓度，以及判断食品的质量。

《食品安全国家标准 生乳》（GB 19301—2010）规定：生乳相对密度（20 ℃/4 ℃）≥1.027。

🧰 **任务描述**

某乳品加工企业收购一批生牛乳，检验员对其相对密度进行测定，判断是否符合生乳质量标准。

测定方法及测定原理

【测定方法】

《食品安全国家标准　食品相对密度的测定》(GB 5009.2—2024)中密度瓶法适用于液体试样相对密度的测定。

【测定原理】

在 20 ℃时分别测定充满同一密度瓶的水及试样的质量，由水的质量可确定密度瓶的容积即试样的体积，根据试样的质量及体积可计算试样的密度，试样密度与水密度的比值为试样的相对密度。

任务实施

【仪器用具准备】

生乳相对密度测定仪器用具如图 3-1 所示。

  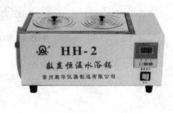

分析天平(感量 0.1 mg)　　　　　密度瓶　　　　　数显恒温水浴锅

图 3-1　生乳相对密度测定仪器用具

【样品检测】

1. 称量样品的质量

取洁净、干燥、恒重、准确称量的密度瓶，装满试样后，置于 20 ℃水浴中浸 0.5 h，使内容物的温度达到 20 ℃，盖上瓶盖，并用细滤纸条吸去支管标线上的试样，盖好小帽后取出，用滤纸将密度瓶外擦干，置天平室内 0.5 h，称量。

2. 称量水的质量

将试样倒出，洗净密度瓶，装满水，置于 20 ℃水浴中浸 0.5 h，使内容物的温度达到 20 ℃，盖上瓶盖，并用细滤纸条吸去支管标线上的试样，盖好小帽后取出，用滤纸将密度瓶外擦干，置于天平室内 0.5 h，称量。

密度瓶内不应有气泡，天平室内温度保持 20 ℃恒温条件，否则不应使用此方法。

【数据处理】

试样在 20 ℃时的相对密度按下式进行计算：

$$d = \frac{m_2 - m_0}{m_1 - m_0}$$

式中　d——试样在 20 ℃时的相对密度；

　　　m_0——密度瓶的质量(g)；

　　　m_1——密度瓶加水的质量(g)；

　　　m_2——密度瓶加液体试样的质量(g)。

计算结果表示到称量天平的精度的有效数位(精确到 0.001)。

【精密度】

在精密度条件下获得的两次独立测定结果的绝对差值不得超过算术平均值的 5%。

📖 知识链接

GB 19301—2010

GB 5009.2—2024

检验报告单

检验报告单见表 3-1。

表 3-1 检验报告单

样品名称		样品状态	
检验项目		检验方法	
检验人		检验日期	
平行试验		1	2
密度瓶质量/g			
密度瓶＋试样质量/g			
密度瓶＋水质量/g			
相对密度			
相对密度平均值			
相对相差/％			
精密度判断		□相对相差≤5％，符合精密度要求 □相对相差＞5％，不符合精密度要求	
检测结果		□牛乳相对密度为_____ □精密度不符合要求，应重新测定	
检测结论			

任务 2　牛乳杂质度测定

杂质度是指牛乳中含有的杂质的量，是衡量乳品质量的重要指标。

牛乳中的杂质主要源于挤奶、运输、生产及奶罐的消毒和清洗等过程。测定牛乳的杂质度，目的是判断牛乳的前处理过程是否卫生。

《食品安全国家标准　生乳》(GB 19301—2010)规定：杂质度≤4 mg/kg。

任务描述

某乳品加工企业收购一批生牛乳，检验员对其杂质度进行测定，判断是否符合生乳质量标准。

测定方法及测定原理

【测定方法】

《食品安全国家标准　乳和乳制品杂质度的测定》(GB 5413.30—2016)中过滤法。适用于生鲜乳、巴氏杀菌乳、灭菌乳、炼乳及乳粉杂质度的测定，不适用于添加影响过滤的物质及不溶性有色物质的乳和乳制品杂质度的测定。

【测定原理】

生鲜乳、液体乳、用水复原的乳粉类样品经杂质度过滤板过滤，根据残留于杂质度过滤板上直观、可见的非白色杂质与杂质度标准板比对确定样品杂质的限量。

任务实施

【仪器用具准备】

牛乳杂质度测定仪器用具如图 3-2 所示。

  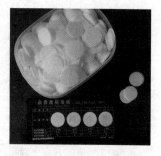

天平(感量 0.1 g)　　　　　　杂质度过滤机　　　　　　杂质度过滤板及标准板

图 3-2　牛乳杂质度测定仪器用具

【样品检测】

1. 样品溶液的制备

(1)液体乳：样品充分混匀后，用量筒量取 500 mL，立即测定。

(2)乳粉：准确称取(62.5±0.1)g 乳粉样品于 1 000 mL 烧杯中，加入 500 mL、(40±2)℃的水，充分搅拌溶解后，立即测定。

2. 测定

将杂质度过滤板放置在过滤设备上，将制备的样品溶液倒入过滤设备的漏斗，但不得溢出漏斗，过滤。用水多次洗净烧杯，并将洗液转入漏斗过滤。分次用洗瓶洗净漏斗过滤，滤干后取出杂质度过滤板，与杂质度标准板(图 3-3)比对即得样品杂质度。

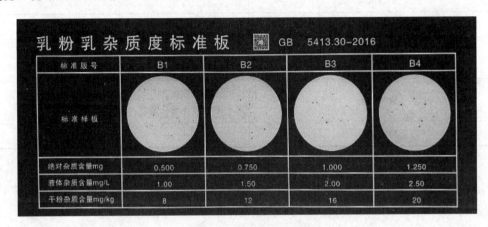

图 3-3 杂质度标准板

【分析结果的表述】

过滤后的杂质度过滤板与杂质度标准板比对得出的结果，即为该样品的杂质度。

当杂质度过滤板上的杂质量介于两个级别之间时，应判定为杂质量较多的级别。如出现纤维等外来异物，判定杂质度超过最大值。

按上述方法对同一样品测定两次，其结果应一致。

知识链接

GB 19301—2010

GB 5413.30—2016

⌨ 检验报告单

检验报告单见表 3-2。

表 3-2　检验报告单

样品名称		样品状态	
检验项目		检验方法	
检验人		检验日期	
平行试验		1	2
杂质度/(mg·kg⁻¹)			
精密度判断		□两次测定结果一致 □两次测定结果不一致	
检测结果		□牛乳杂质度为＿＿＿＿＿＿ □精密度不符合要求，应重新测定	
检测结论			

任务 3　牛乳脂肪含量测定

牛乳脂肪(乳脂)是牛奶的重要成分,是一种高质量的天然脂肪,含有大量的乳脂性维生素,是食用黄油和奶油的主要成分。因此,乳脂也成为衡量牛奶质量高低的主要指标之一。

《食品安全国家标准　生乳》(GB 19301—2010)规定:脂肪≥3.1 g/(100 g)。

任务描述

某乳品加工企业收购一批生牛乳,检验员对其脂肪含量进行测定,判断是否符合生乳质量标准。

测定方法及测定原理

【测定方法】

《食品安全国家标准　食品中脂肪的测定》(GB 5009.6—2016)中第三法碱水解法适用于乳及乳制品、婴幼儿配方食品中脂肪的测定。

【测定原理】

用无水乙醚和石油醚抽提试样的碱(氨水)水解液,通过蒸馏或蒸发去除溶剂,测定溶于溶剂中的抽提物的质量。

任务实施

【仪器用具准备】

牛乳脂肪含量测定仪器用具如图 3-4 所示。

分析天平(感量 0.1 mg)

毛氏抽脂瓶

移液管(2 mL)

图 3-4　牛乳脂肪含量测定仪器用具

毛氏水浴锅

量筒(10 mL、25 mL)

抽脂瓶架

毛氏振荡器

电热恒温干燥箱

干燥器

图 3-4　牛乳脂肪含量测定仪器用具(续)

【试剂准备】

试剂及配制方法见表 3-3。

表 3-3　试剂及配制方法

试剂名称	配制方法
氨水：质量分数约为 25%	—
乙醇：体积分数至少为 95%	—
石油醚：沸程 30～60 ℃	—
无水乙醚	—
混合溶剂	乙醚和石油醚等体积混合
刚果红溶液	1 g 刚果红溶于 100 mL 水中

【样品检测】

1. 试样碱水解

称取充分混匀后的试样 10 g(准确至 0.000 1 g)于抽脂瓶内，加入 2 mL 氨水，充分混匀后立即将抽脂瓶放入(60±5)℃水浴中加热 15～20 min，不时取出振荡。取出后冷却至室温，静置 30 s。

2. 第一次抽提

(1)加入 10 mL 乙醇，缓慢但彻底地进行混合(避免液体太接近瓶颈，如果需要，可加入 2 滴刚果红溶液)。

(2)加入 25 mL 乙醚，塞上瓶塞，将抽脂瓶保持在水平位置，小球的延伸部分朝上夹到摇混器上，按约 100 次/min 的频率振荡 1 min(也可采用手动振摇方式)。抽脂瓶冷却后，小心地打开塞子，用少量的乙醚—石油醚混合溶剂冲洗塞子和瓶颈，使冲洗液流入抽脂瓶。

(3)加入 25 mL 石油醚，塞上瓶塞，将抽脂瓶保持在水平位置，小球的延伸部分朝上夹到摇混器上，按约 100 次/min 的频率振荡 30 s。抽脂瓶冷却后，小心地打开塞子，用少量的乙醚—石油醚混合溶剂冲洗塞子和瓶颈，使冲洗液流入抽脂瓶。

(4)将加塞的抽脂瓶放入离心机，在 500~600 r/min 下离心 5 min(或者将抽脂瓶静置至少 30 min，直到上层液澄清，并明显与水相分离)。

(5)小心地打开塞子，用少量的乙醚—石油醚混合溶剂冲洗塞子和瓶颈，使冲洗液流入抽脂瓶。

(6)将上层液尽可能地倒入已准备好的加入沸石的脂肪收集瓶。

(7)用少量的乙醚—石油醚混合溶剂冲洗瓶颈外部，冲洗液收集在脂肪收集瓶中。

3. 第二次抽提

(1)向抽脂瓶中加入 5 mL 乙醇冲洗瓶颈内壁，缓慢但彻底地进行混合。

(2)加入 15 mL 乙醚，塞上瓶塞，将抽脂瓶保持在水平位置，小球的延伸部分朝上夹到摇混器上，按约 100 次/min 的频率振荡 1 min。抽脂瓶冷却后，小心地打开塞子，用少量的乙醚—石油醚混合溶剂冲洗塞子和瓶颈，使冲洗液流入抽脂瓶。

(3)加入 15 mL 石油醚，塞上瓶塞，将抽脂瓶保持在水平位置，小球的延伸部分朝上夹到摇混器上，按约 100 次/min 的频率振荡 30 s。抽脂瓶冷却后，小心地打开塞子，用少量的乙醚—石油醚混合溶剂冲洗塞子和瓶颈，使冲洗液流入抽脂瓶。

(4)将加塞的抽脂瓶放入离心机中，在 500~600 r/min 下离心 5 min。

(5)小心地打开塞子，用少量的乙醚—石油醚混合溶剂冲洗塞子和瓶颈，使冲洗液流入抽脂瓶。

(6)将上层液尽可能地倒入第一次提取时使用的脂肪收集瓶中。

(7)用少量的乙醚—石油醚混合溶剂冲洗瓶颈外部，冲洗液收集在脂肪收集瓶中。

4. 第三次抽提

按第二次抽提的(2)~(7)步操作，进行第三次抽提。

5. 称量

在沸水浴上蒸干脂肪收集瓶内的溶剂，再于(100±5)℃电热恒温干燥箱中干燥 1 h，取出放入干燥器内冷却 0.5 h 后称量。重复以上操作直至恒重(前后两次称量的差不超过 2 mg)。

6. 空白试验

与试样测定同时进行，采用 10 mL 水代替试样，使用相同步骤和相同试剂。

【数据处理】

试样中的脂肪含量按下式计算：

$$X = \frac{(m_1 - m_2) - (m_3 - m_4)}{m} \times 100$$

式中　X——脂肪含量[g/(100 g)]；

　　　m——试样质量(g)；

　　　m_1——恒重后脂肪收集瓶和脂肪的质量(g)；

　　　m_2——脂肪收集瓶的质量(g)；

　　　m_3——空白试验中恒重后脂肪收集瓶和脂肪的质量(g)；

　　　m_4——空白试验中脂肪收集瓶的质量(g)。

结果保留三位有效数字。

【精密度】

当试样中脂肪含量≥15%时，两次独立测定结果之差≤0.3 g/(100 g)；

当试样中脂肪含量为5%～15%时，两次独立测定结果之差≤0.2 g/(100 g)；

当试样中脂肪含量≤5%时，两次独立测定结果之差≤0.1 g/(100 g)。

⌨ 知识链接

GB 19301—2010　　　　GB 5009.6—2016

检验报告单

检验报告单见表 3-4。

表 3-4　检验报告单

样品名称		样品状态		
检验项目		检验方法		
检验人		检验日期		
平行试验			1	2
试样质量/g				
脂肪收集瓶质量/g				
脂肪收集瓶＋脂肪质量/g				
脂肪含量/[g・(100 g)$^{-1}$]				
脂肪含量平均值/[g・(100 g)$^{-1}$]				
相对相差/%				
精密度判断		□相对相差≤10%，符合精密度要求 □相对相差>10%，不符合精密度要求		
检测结果		□牛乳脂肪含量为_____ □精密度不符合要求，应重新测定		
检测结论				

任务4 低乳糖牛奶乳糖含量测定

乳糖是由葡萄糖和半乳糖组成的双糖，对人体的生长发育具有重要意义。饮食中的乳糖可提高人体对钙、镁、磷和其他必需微量元素的吸收，还可降低钙的流失。正因如此，牛奶成了人体的一种最佳钙源。乳糖在乳糖酶的作用下，可水解成葡萄糖和半乳糖，并进一步代谢产生酸，从而对嗜酸性微生物有利，促进厌氧菌丛的生长，起到调节肠道微生态平衡的作用。另外，半乳糖是脑和脊髓重要结构物质的合成原料，并可直接形成内膜黏多糖，有助于内膜组织的迅速再生。

由于部分人体肠腔内缺乏乳糖酶或乳糖酶活性低导致乳糖消化不良，造成乳糖吸收障碍，从而产生乳糖不耐症现象，造成人体肠胃不适，如胃胀、腹泻、肠绞痛等。

所谓低乳糖奶，即乳糖含量较低的奶，是在生产过程中加入一定量的乳糖酶，将乳糖分解为葡萄糖和半乳糖，模拟人体的乳糖消化过程，再经过杀菌、灭酶工艺制成的产品。由于我国属于乳糖不耐症高发区，所以低乳糖奶既能满足乳糖不耐症人群的营养需要，又可解除他们喝奶后的烦恼。另外，低乳糖奶由于乳糖分解产生了单糖，虽甜度增加，但含糖量未增加，其他营养成分也不发生变化，因此适合各种人群饮用。低乳糖奶是集营养和美味于一体的健康食品。

贵州南方乳业股份有限公司企业标准《低乳糖牛奶》(Q/NFRY 0025 S—2022)规定：乳糖≤2.0%。

📦 任务描述

市场监管部门抽查贵州南方乳业股份有限公司生产的一批低乳糖牛奶，检验员对其乳糖含量进行测定，判断是否符合产品质量标准。

📦 测定方法及测定原理

【测定方法】

《食品安全国家标准 食品中还原糖的测定》(GB 5009.7—2016)中第一法直接滴定法适用于食品中还原糖含量的测定。

【测定原理】

试样经除去蛋白质后，以次甲基蓝为指示剂，在加热条件下，滴定用还原糖标定过的碱性酒石酸铜溶液，根据样品液消耗体积计算还原糖含量。

📦 任务实施

【仪器用具准备】

低乳糖牛奶乳糖含量测定仪器用具如图3-5所示。

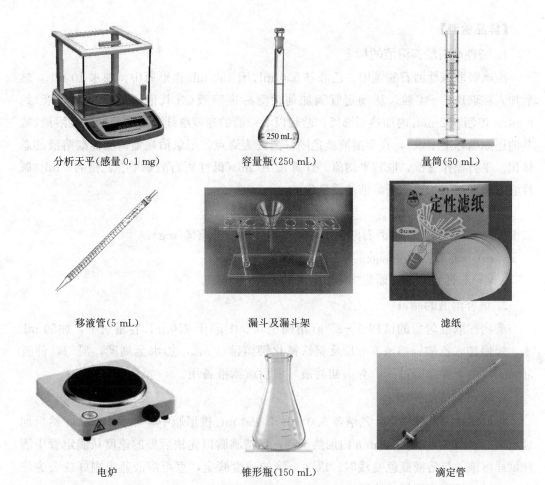

分析天平(感量 0.1 mg)	容量瓶(250 mL)	量筒(50 mL)
移液管(5 mL)	漏斗及漏斗架	滤纸
电炉	锥形瓶(150 mL)	滴定管

图 3-5　低乳糖牛奶乳糖含量测定仪器用具

【试剂准备】

试剂及配制方法见表 3-5。

表 3-5　试剂及配制方法

试剂名称	配制方法
碱性酒石酸铜甲液	称取 15 g 硫酸铜（$CuSO_4 \cdot 5H_2O$）及 0.05 g 次甲基蓝，溶于水中并稀释至 1 000 mL
碱性酒石酸铜乙液	称取 50 g 酒石酸钾钠、75 g 氢氧化钠，溶于水中，再加入 4 g 亚铁氰化钾，完全溶解后，用水稀释至 1 000 mL，储存于橡胶塞玻璃瓶中
乙酸锌溶液	称取 21.9 g 乙酸锌，加 3 mL 冰乙酸，加水溶解并稀释至 100 mL
亚铁氰化钾溶液	称取 10.6 g 亚铁氰化钾，加水溶解并稀释至 100 mL
盐酸溶液(1+1)	量取盐酸 50 mL，加水 50 mL，混匀
乳糖标准溶液(1.0 mg/mL)	准确称取经 94～98 ℃干燥 2 h 的乳糖(含水)1 g，加水溶解后加入盐酸溶液 5 mL，并加水定容至 1 000 mL。此溶液每毫升相当于 1.0 mg 的乳糖(含水)

【样品检测】

1. 碱性酒石酸铜溶液的标定

准确吸取碱性酒石酸铜甲、乙液各 5.0 mL 于 150 mL 锥形瓶中，加水 10 mL，然后加入玻璃珠 2～4 粒。从滴定管滴加葡萄糖标准溶液（或其他还原糖标准溶液）约 9 mL，控制在 2 min 内加热至沸腾，趁热以 2 s/滴的速度继续滴加葡萄糖标准溶液（或其他还原糖标准溶液），直至溶液蓝色刚好褪去为终点。记录消耗葡萄糖标准溶液的总体积。平行操作三次，取其平均值。计算每 10 mL（碱性酒石酸铜甲、乙液各 5 mL）碱性酒石酸铜溶液相当于葡萄糖的质量（mg）。

$$A = cV$$

式中　A——10 mL 碱性酒石酸铜溶液相当于葡萄糖的质量（mg）；

　　　c——葡萄糖标准溶液的浓度（mg/mL）；

　　　V——标定时消耗葡萄糖标准溶液的总体积（mL）。

2. 试样溶液的制备

准确称取混匀后的试样 5～25 g（精确至 0.001 g）于 250 mL 容量瓶中，加 50 mL 水，缓慢加入乙酸锌溶液 5 mL 及亚铁氰化钾溶液 5 mL，加水至刻度，混匀，静置 30 min，用干燥滤纸过滤，弃去初滤液，取后续滤液备用。

3. 试样溶液的预测定

吸取碱性酒石酸铜甲、乙液各 5.0 mL 于 150 mL 锥形瓶中，加水 10 mL。然后加玻璃珠 2～4 粒，控制在 2 min 内加热至沸，保持沸腾以先快后慢的速度从滴定管中滴加试样溶液，待溶液蓝色变浅时，以 2 s/滴的速度滴定，直至溶液蓝色刚好褪去为终点。记录试样溶液消耗的体积。

4. 试样溶液正式测定

吸取碱性酒石酸铜甲、乙液各 5.0 mL，置于 150 mL 锥形瓶中，加水 10 mL，加玻璃珠 2～4 粒，从滴定管中加入比预测体积少 1 mL 的试样溶液至锥形瓶中，控制在 2 min 内加热沸腾，保持沸腾继续以 2 s/滴的速度滴加样液，直至蓝色刚好褪去为终点。记录消耗试样溶液的总体积。同法平行操作三份，取平均值。

【数据处理】

乳糖含量按下式计算：

$$X = \frac{A}{m \times (V/250) \times 1\,000} \times 100$$

式中　X——试样中乳糖的含量[g/(100 g)]；

　　　A——碱性酒石酸铜溶液（甲、乙液各 5 mL）相当于乳糖的质量（mg）；

　　　m——试样质量（g）；

　　　V——测定时平均消耗试样溶液体积（mL）。

还原糖含量≥10 g/(100 g)时，计算结果保留三位有效数字；还原糖含量<10 g/(100 g)

时，计算结果保留两位有效数字。

【精密度】

在精密度条件下获得的两次独立测定结果的绝对差值不得超过算术平均值的5%。

知识链接

Q/NFRY 0025 S—2022   GB 5009.7—2016

检验报告单

检验报告单见表3-6。

表3-6　检验报告单

样品名称		样品状态	
检验项目		检验方法	
检验人		检验日期	
碱性酒石酸铜溶液的标定			
平行试验		1	2
碱性酒石酸铜溶液体积/mL		10.00	10.00
标定时消耗乳糖标准溶液体积/mL			
10 mL 碱性酒石酸铜溶液相当于乳糖的质量/mg			
10 mL 碱性酒石酸铜溶液相当于乳糖的质量平均值/mg			
样品测定			
平行试验		1	2
试样质量/g			
滴定 10 mL 碱性酒石酸铜溶液消耗试样溶液体积/mL			
乳糖含量/[g·(100 g)$^{-1}$]			
乳糖含量平均值/[g·(100 g)$^{-1}$]			
相对相差/%			
精密度判断		□相对相差≤10%，符合精密度要求 □相对相差>10%，不符合精密度要求	
检测结果		□乳糖含量为_____ □精密度不符合要求，应重新测定	
检测结论			

任务5 灭菌乳中蔗糖含量测定

在食品生产中，测定蔗糖的含量可以判断食品加工原料的成熟度，鉴别白糖、蜂蜜等食品原料的品质，以及控制糖果、果脯、加糖乳制品等产品的质量指标，还用于计算淡炼乳、加糖炼乳等乳制品中乳固体及非脂乳固体含量。

任务描述

某乳品企业生产一批灭菌乳，检验员测定其蔗糖含量，用以计算非脂乳固体含量，判断是否符合产品质量标准。

测定方法及测定原理

【测定方法】

《食品安全国家标准　食品中果糖、葡萄糖、蔗糖、麦芽糖、乳糖的测定》(GB 5009.8—2023)中第三法酸水解—莱因—埃农氏法适用于各类食品中蔗糖的测定。

【测定原理】

试样经除去蛋白质后，其中蔗糖经盐酸水解转化为还原糖，按还原糖测定。水解前后的差值乘以相应的系数即为蔗糖含量。

任务实施

【仪器用具准备】

灭菌乳中蔗糖含量测定仪器用具如图3-6所示。

分析天平(感量 0.1 mg)　　　　容量瓶(250 mL)　　　　水浴锅

图3-6　灭菌乳中蔗糖含量测定仪器用具

移液管(5 mL)

漏斗及漏斗架

滤纸

电炉

锥形瓶(150 mL)

滴定管

图 3-6　灭菌乳中蔗糖含量测定仪器用具(续)

【试剂准备】

试剂及配制方法见表 3-7。

表 3-7　试剂及配制方法

试剂名称	配制方法
乙酸锌溶液(1 mol/L)	称取 21.9 g 乙酸锌,加 3 mL 冰乙酸,加水溶解并稀释至 100 mL
亚铁氰化钾溶液(0.25 mol/L)	称取 10.6 g 亚铁氰化钾,加水溶解并稀释至 100 mL
盐酸溶液(50%,体积分数)	量取盐酸 50 mL,缓慢加入 50 mL 水中,冷却后混匀
氢氧化钠溶液(40 g/L)	称取氢氧化钠 4 g,加水溶解后放冷,加水定容至 100 mL
甲基红指示液(1 g/L)	称取甲基红盐酸盐 0.1 g,用 95%乙醇溶解并定容至 100 mL
氢氧化钠溶液(200 g/L)	称取氢氧化钠 20 g,加水溶解后放冷,加水定容至 100 mL
碱性酒石酸铜甲液	称取 15.0 g 硫酸铜($CuSO_4 \cdot 5H_2O$)及 0.05 g 次甲基蓝,溶于水中并稀释至 1 000 mL
碱性酒石酸铜乙液	称取 50 g 酒石酸钾钠和 75 g 氢氧化钠,溶于水中,再加入 4.0 g 亚铁氰化钾,完全溶解后,用水稀释至 1 000 mL,储存于橡胶塞玻璃瓶中
葡萄糖标准溶液(1.00 mg/mL)	称取经过(96±2)℃烘箱中干燥 2 h 后的葡萄糖 1 g(精确到 0.001 g),加水溶解后转移至 1 000 mL 的容量瓶中,加入盐酸 5 mL,并用水定容至 1 000 mL。置于 0~4 ℃密封保存

【样品检测】

1. 试样处理

称取试样 5～25 g(精确到 0.001 g)于烧杯中，加入约 50 mL 水，缓慢加入 5 mL 乙酸锌溶液和 5 mL 亚铁氰化钾溶液，搅拌混匀转移至 250 mL 容量瓶中，加水定容至刻度，混匀，静置 30 min，用干燥滤纸过滤，弃去初滤液，取后续滤液备用。

2. 酸水解

吸取 2 份试样处理液各 50.0 mL，分别置于 100 mL 容量瓶中。

(1)转化前：一份用水稀释至 100 mL。

(2)转化后：另一份加 5 mL 盐酸溶液，在 68～70 ℃水浴中加热 15 min，冷却后加甲基红指示液 2 滴，用氢氧化钠溶液(200 g/L)中和至中性，加水至刻度，混匀。

3. 碱性酒石酸铜溶液的标定

吸取 5.0 mL 碱性酒石酸铜甲液和 5.0 mL 碱性酒石酸铜乙液于 150 mL 锥形瓶中，加水 10 mL，加入玻璃珠 2～4 粒。从滴定管中加约 9 mL 葡萄糖标准溶液，控制在 2 min 内加热至沸，趁热以 2 s/滴的速度滴加葡萄糖标准溶液，直至溶液蓝色刚好褪去为终点，记录消耗葡萄糖标准溶液的总体积。同时平行操作 3 次，取其平均值。计算每 10 mL(碱性酒石酸铜甲液、乙液各 5 mL)碱性酒石酸铜溶液相当于葡萄糖的质量 A(mg)。

$$A = cV$$

式中 A——10 mL 碱性酒石酸铜溶液相当于葡萄糖的质量(mg)；

       c——葡萄糖标准溶液的浓度(mg/mL)；

       V——标定时消耗葡萄糖标准溶液的总体积(mL)。

4. 试样溶液的测定

(1)预测滴定。吸取 5.0 mL 碱性酒石酸铜甲液和 5.0 mL 碱性酒石酸铜乙液于 150 mL 锥形瓶中，加入 10 mL 蒸馏水，放入 2～4 粒玻璃珠，置于电炉上加热，使其在 2 min 内沸腾，保持沸腾状态 15 s，滴入转化前样液或转化后样液至溶液蓝色完全褪去为止，读取所用样液的体积。

(2)精确测定。吸取 5.0 mL 碱性酒石酸铜甲液和 5.0 mL 碱性酒石酸铜乙液于 150 mL 锥形瓶中，加入 10 mL 蒸馏水，放入 2～4 粒玻璃珠，从滴定管中放出比预测滴定体积少 1 mL 的样液，置于电炉上，使其在 2 min 内沸腾，维持沸腾状态 2 min，以 2 s/滴的速度慢慢滴入样液，溶液蓝色完全褪去即为终点，记录样液消耗的体积。

注：当样液还原糖浓度过低时，可以采用反滴定的方式进行测定。吸取 5.00 mL 碱性酒石酸铜甲液及 5.00 mL 碱性酒石酸铜乙液至锥形瓶中，直接加入 10.0 mL 样液，免去加水 10 mL，再用葡萄糖标准溶液滴定至终点，记录消耗的体积。消耗体积与标定时消耗的葡萄糖标准溶液体积之差相当于 10 mL 样液中所含葡萄糖的量 A_1(mg)。

【数据处理】

(1)还原糖(以葡萄糖计)的含量按下式计算:

$$R=\frac{A}{m\times\frac{50}{250}\times\frac{V}{100}\times 1\ 000}\times 100$$

式中　R——试样中还原糖(以葡萄糖计)的质量分数[g/(100 g)];

　　　A——碱性酒石酸铜溶液(甲、乙液各半)相当于葡萄糖的质量(mg);

　　　m——试样的称取量(g);

　　　50——酸水解中吸取样液体积(mL);

　　　250——试样处理中定容体积(mL);

　　　V——滴定时消耗样液体积(mL);

　　　100——酸水解中定容体积(mL);

　　　1 000——换算系数;

　　　100——换算系数。

采用反滴定方式测定时,试样中还原糖(以葡萄糖计)的含量按下式计算:

$$R=\frac{A_1}{m\times\frac{50}{250}\times\frac{10}{100}\times 1\ 000}\times 100$$

式中　R——试样中还原糖(以葡萄糖计)的质量分数[g/(100 g)];

　　　A_1——标定 10 mL 碱性酒石酸铜溶液(甲、乙液各半)时消耗的葡萄糖标准溶液的体积与加入 10 mL 样液后消耗的葡萄糖标准溶液体积之差相当于葡萄糖的质量(mg);

　　　m——试样的称取量(g);

　　　50——酸水解中吸取样液体积(mL);

　　　250——试样处理中定容体积(mL);

　　　10——直接加入的样液体积(mL);

　　　100——酸水解中定容体积(mL);

　　　1 000——换算系数;

　　　100——换算系数。

(2)蔗糖含量按下式计算:

$$X=(R_2-R_1)\times 0.95$$

式中　X——试样中蔗糖的质量分数[g/(100 g)];

　　　R_2——转化后还原糖(以葡萄糖计)的质量分数[g/(100 g)];

　　　R_1——转化前还原糖(以葡萄糖计)的质量分数[g/(100 g)];

　　　0.95——还原糖(以葡萄糖计)换算为蔗糖的系数。

蔗糖含量≥10 g/(100 g)时,结果保留三位有效数字;蔗糖含量<10 g/(100 g)时,

结果保留两位有效数字。

【精密度】

在精密度条件下获得的两次独立测定结果的绝对差值不得超过算术平均值的10％。

知识链接

GB 25190—2010

GB 5009.8—2023

🖥 检验报告单

检验报告单见表 3-8。

表 3-8 检验报告单

样品名称		样品状态	
检验项目		检验方法	
检验人		检验日期	
碱性酒石酸铜溶液的标定			
平行试验		1	2
碱性酒石酸铜溶液体积/mL		10.00	10.00
标定时消耗乳糖标准溶液体积/mL			
10 mL 碱性酒石酸铜溶液相当于乳糖的质量/mg			
10 mL 碱性酒石酸铜溶液相当于乳糖的质量平均值/mg			
样品测定			
平行试验		1	2
试样质量/g			
转化前：滴定 10 mL 碱性酒石酸铜溶液消耗试样溶液体积/mL			
转化后：滴定 10 mL 碱性酒石酸铜溶液消耗试样溶液体积/mL			
蔗糖含量/[g·(100 g)$^{-1}$]			
蔗糖含量平均值/[g·(100 g)$^{-1}$]			
相对相差/%			
精密度判断		□相对相差≤10%，符合精密度要求 □相对相差>10%，不符合精密度要求	
检测结果		□蔗糖含量为＿＿＿＿＿＿ □精密度不符合要求，应重新测定	
检测结论			

任务6 乳中非脂乳固体测定

乳固体(乳固形物)是指牛奶中除水分以外的物质,主要包括乳脂肪、蛋白质、乳糖、矿物质、维生素等。质量正常的乳,乳固形物含量通常为12%~14%。

非脂乳固体是指牛奶中除脂质和水分外其余物质的总称,主要包括蛋白质、乳糖、矿物质、维生素等。通常情况下,牛奶中非脂乳固体的含量越高,说明此牛奶中营养成分越多,营养价值越高。

乳固体(%)=100%－水分(%)－蔗糖(%)

非脂乳固体(%)=100%－水分(%)－蔗糖(%)－脂肪(%)

《食品安全国家标准 生乳》(GB 19301—2010)规定:非脂乳固体≥8.1 g/100 g。

任务描述

某乳品加工企业收购一批生牛乳,检验员对其非脂乳固体含量进行测定,判断是否符合生乳质量标准。

测定方法及测定原理

【测定方法】

《食品安全国家标准 乳和乳制品中非脂乳固体的测定》(GB 5413.39—2010)标准适用于生乳、巴氏杀菌乳、灭菌乳、调制乳、发酵乳中非脂乳固体的测定。

【测定原理】

首先分别测定出乳及乳制品中的总固体含量、脂肪含量(如添加了蔗糖等非乳成分,其含量也应扣除),然后用总固体含量减去脂肪和蔗糖等非乳成分含量,即为非脂乳固体含量。

任务实施

【仪器用具准备】

1. 固形物含量测定所需仪器用具

固形物含量测定所需仪器用具如图3-7所示。

分析天平(感量 0.1 mg)

平底皿盒(铝盒)

短玻璃棒

数显恒温水浴锅

电热恒温干燥箱

干燥器

图 3-7　固形物含量测定所需仪器用具

2. 脂肪含量测定所需仪器用具

见"任务 3　牛乳脂肪含量测定"。

3. 蔗糖含量测定所需仪器用具

见"任务 5　灭菌乳中蔗糖含量测定"。

【试剂准备】

同任务 3、任务 5。

【样品检测】

1. 总固体测定

在平底皿盒中加入 20 g 石英砂或海砂，在(100±2)℃的电热恒温干燥箱中干燥 2 h，于干燥器冷却 0.5 h，称量，并反复干燥至恒重。

称取 5.0 g(精确至 0.000 1 g)试样于恒重的平底皿盒内，置水浴上蒸干。

擦去平底皿盒外的水渍，于(100±2)℃的电热恒温干燥箱中干燥 3 h，取出放入干燥器中冷却 0.5 h，称量，再于(100±2)℃的电热恒温干燥箱中干燥 1 h，取出冷却后称量，至前后两次质量相差不超过 1.0 mg。

2. 脂肪的测定

见"任务 3　牛乳脂肪含量测定"。

3. 蔗糖的测定

见"任务 5　灭菌乳中蔗糖含量测定"。

【数据处理】

(1)试样中的总固体含量按下式计算:

$$X = \frac{m_1 - m_2}{m} \times 100$$

式中　X——试样中总固体的含量[g/(100 g)];

m_1——平底皿盒、海砂加试样干燥后质量(g);

m_2——平底皿盒、海砂的质量(g);

m——试样的质量(g)。

(2)非脂乳固体含量按下式计算:

$$X_{NFT} = X - X_1 - X_2$$

式中　X_{NFT}——试样中非脂乳固体含量[g/(100 g)];

X——试样中总固体含量[g/(100 g)];

X_1——试样中脂肪含量[g/(100 g)];

X_2——试样中蔗糖含量[g/(100 g)]。

【精密度】

以精密度条件下获得的两次独立测定结果的算术平均值表示,计算结果保留三位有效数字。

知识链接

GB 19301—2010　　　　GB 5413.39—2010

检验报告单

检验报告单见表 3-9。

表 3-9　检验报告单

样品名称		样品状态	
检验项目		检验方法	
检验人		检验日期	
固形物测定			
平行试验		1	2
称量瓶质量/g			
试样质量/g			
称量瓶＋试样干燥后的质量/g			
固形物含量/[g·(100 g)$^{-1}$]			
固形物含量平均值/[g·(100 g)$^{-1}$]			
脂肪含量测定			
平行试验		1	2
试样质量/g			
脂肪收集瓶质量/g			
脂肪收集瓶＋脂肪质量/g			
脂肪含量/[g·(100 g)$^{-1}$]			
脂肪含量平均值/[g·(100 g)$^{-1}$]			
非脂乳固体含量计算			
非脂乳固体含量/[g·(100 g)$^{-1}$]			
检测结论			

任务7　灭菌乳酸度测定

牛乳中有两种酸度：自然酸度(固有酸度)与发酵酸度。

(1)自然酸度：新鲜的牛奶本身就具有一定的酸度，这种酸度主要由奶中的蛋白质、柠檬酸盐、磷酸盐及二氧化碳等酸性物质所构成。

(2)发酵酸度：牛奶在被挤出后的存放过程中，由于微生物的活动，分解乳糖产生乳酸，从而造成牛奶酸度的升高，这种因发酵而升高的酸度称为发酵酸度，这种酸度在牛奶酸败时更加明显。

自然酸度与发酵酸度之和称为总酸度，通常所说的牛奶酸度就是总酸度。

牛奶酸度是反映牛奶新鲜程度的重要指标，是乳品企业的必检指标。牛奶的酸度越高，说明牛奶受微生物污染的程度越严重。因此可以通过测定牛奶的酸度评价牛奶的新鲜度。

液态乳的酸度以 100 g 样品所消耗的 0.100 0 mol/L 氢氧化钠溶液毫升数计，单位为度(°T)。

乳粉的酸度以 100 g 干物质为 12% 的复原乳所消耗的 0.1 mol/L 氢氧化钠毫升数计，单位为度(°T)。

《食品安全国家标准　灭菌乳》(GB 25190—2010)规定：牛奶酸度为 12～18 °T，羊乳酸度为 6～13 °T。

🧰 任务描述

某乳品加工企业收购一批灭菌乳，检验员对其酸度进行测定，判断是否符合产品质量标准。

🧰 测定方法及测定原理

【测定方法】

《食品安全国家标准　食品酸度的测定》(GB 5009.239—2016)中第一法酚酞指示剂法适用于生乳及乳制品、淀粉及其衍生物、粮食及制品酸度的测定。

【测定原理】

试样经过处理后，以酚酞作为指示剂，用 0.100 0 mol/L 氢氧化钠标准溶液滴定至中性，记录消耗氢氧化钠溶液的体积数，经计算确定试样的酸度。

🧰 任务实施

【仪器用具准备】

灭菌乳酸度测定仪器用具如图 3-8 所示。

分析天平(感量 1 mg)

锥形瓶(150 mL)

量筒(25 mL)

移液管(2 mL)

微量滴定管

图 3-8　灭菌乳酸度测定仪器用具

【试剂准备】

试剂及配制方法见表 3-10。

表 3-10　试剂及配制方法

试剂名称	配制方法
硫酸钴溶液	将 3 g 七水硫酸钴溶解于水中，并定容至 100 mL
NaOH 标准溶液(0.1 mol/L)	按《化学试剂标准滴定溶液的制备》(GB/T 601—2016)配制与标定
酚酞指示液(5 g/L)	称取 0.5 g 酚酞溶解于 75 mL 体积分数为 95％的乙醇中，并加入 20 mL 水，然后滴加 NaOH 标准溶液至微红色，再加水定容至 100 mL

【样品检测】

1. 制备参比溶液

向装有等体积相应溶液的锥形瓶中加入 2.0 mL 参比溶液，轻轻转动，使之混合，得到标准参比颜色。如果要测定多个相似的产品，则此参比溶液可用于整个测定过程，但时间不得超过 2 h。

2. 测定

称取 10 g(精确到 0.001 g)已混匀的试样，置于 150 mL 锥形瓶中，加 20 mL 新煮沸冷却至室温的水，混匀，加入 2.0 mL 酚酞指示液，混匀后用氢氧化钠标准溶液滴定，边滴加边转动烧瓶，直到颜色与参比溶液的颜色相似，且 5 s 内不消褪，整个滴定过程应在 45 s 内完成。滴定过程中，向锥形瓶中吹氮气，防止溶液吸收空气中的二氧化碳。记录消耗的氢氧化钠标准滴定溶液毫升数(V_2)，代入公式进行计算。

3. 空白滴定

用等体积的水做空白试验，读取耗用氢氧化钠标准溶液的毫升数(V_0)。

空白试验所消耗的氢氧化钠的体积应不小于零，否则应重新制备和使用符合要求的蒸馏水。

【数据处理】

试样中的酸度数值以(°T)表示，按下式计算：

$$X = \frac{c \times (V_1 - V_0) \times 100}{m \times 0.1}$$

式中　X——试样的酸度，单位为度(°T)，以 100 g 试样所消耗的 0.1 mol/L 氢氧化钠毫升数计[mL/(100 g)]；

　　　c——氢氧化钠标准溶液的摩尔浓度(mol/L)；

　　　V_1——滴定时所消耗氢氧化钠标准溶液的体积(mL)；

　　　V_0——空白试验所消耗氢氧化钠标准溶液的体积(mL)；

　　　100——100 g 试样；

　　　m——试样的质量(g)；

　　　0.1——酸度理论定义氢氧化钠的摩尔浓度(mol/L)。

以精密度条件下获得的两次独立测定结果的算术平均值表示，结果保留三位有效数字。

【精密度】

在精密度条件下获得的两次独立测定结果的绝对差值不得超过算术平均值的 10%。

知识链接

GB 25190—2010　　　　　**GB 5009. 239—2016**

📋 检验报告单

检验报告单见表 3-11。

表 3-11　检验报告单

样品名称		样品状态	
检验项目		检验方法	
检验人		检验日期	
平行试验		1	2
试样质量/g			
氢氧化钠标准滴定溶液的浓度/(mol·L⁻¹)			
试样消耗氢氧化钠标准滴定溶液的体积/mL			
空白试验消耗硫代硫酸钠标准滴定溶液的体积/mL			
酸度/°T			
酸度平均值/°T			
相对相差/%			
精密度判断		□相对相差≤10%，符合精密度要求 □相对相差＞10%，不符合精密度要求	
检测结果		□灭菌乳酸度为＿＿＿＿＿＿＿＿＿ □精密度不符合要求，应重新测定	
检测结论			

任务 8　乳基婴儿配方食品中钙的测定

钙是构成人体的重要组分，正常人体内含有 1 000～1 200 g 钙，是人体和动物较重要的营养元素之一。机体内的钙参与骨骼和牙齿的构成，同时还参与各种生理功能和代谢过程，具有调节神经组织、心脏、肌肉活性和体液等功能。婴儿、儿童、妊娠期的妇女及哺乳期的母亲都需要补充大量的钙。因此，测定食品中的钙具有非常重要的营养学意义。

《食品安全国家标准　婴儿配方食品》(GB 10765—2021)中钙含量规定见表 3-12。

表 3-12　钙含量的规定

营养素	指标			
	每 100 kJ		每 100 kcal	
	最小值	最大值	最小值	最大值
钙/mg	12	35	50	146

🧰 任务描述

某乳品加工企业收购一批婴儿配方食品，检验员对其钙含量进行测定，判断是否符合产品质量标准。

🧰 测定方法及测定原理

【测定方法】

《食品安全国家标准　食品中钙的测定》(GB 5009.92—2016)中第一法火焰原子吸收光谱法适用于食品中钙含量的测定。

【测定原理】

试样经消解处理后，加入镧溶液作为释放剂，经原子吸收火焰原子化，在 422.7 nm 处测定的吸光度值在一定浓度范围内与钙含量成正比，与标准系列比较定量。

🧰 任务实施

【仪器用具准备】

乳基婴儿配方食品中钙的测定仪器用具如图 3-9 所示。

  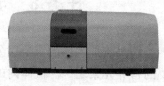

分析天平(感量 0.1 mg)　　　　　　电热板　　　　　　原子吸收分光光度计

图 3-9　乳基婴儿配方食品中钙的测定仪器用具

【试剂准备】

试剂及配制方法见表 3-13。

表 3-13　试剂及配制方法

试剂名称	配制方法
硝酸	—
高氯酸	—
碳酸钙	—
盐酸溶液(1+1)	量取 500 mL 盐酸，与 500 mL 水混合均匀
硝酸溶液(5+95)	量取 50 mL 硝酸，加入 950 mL 水，混合均匀
镧溶液(20 g/L)	称取 23.45 g 氧化镧，先用少量水湿润后再加入 75 mL 盐酸溶液(1+1)溶解，转入 1 000 mL 容量瓶，加水定容至刻度，混匀
钙标准储备液(1 000 mg/L)	准确称取 2.496 3 g(精确至 0.000 1 g)碳酸钙，加盐酸溶液(1+1)溶解，移入 1 000 mL 容量瓶，加水定容至刻度，混匀
钙标准中间液(100 mg/L)	准确吸取钙标准储备液(1 000 mg/L)10 mL 于 100 mL 容量瓶中，加硝酸溶液(5+95)至刻度，混匀
钙标准系列溶液	分别吸取钙标准中间液(100 mg/L)0 mL、0.500 mL、1.00 mL、2.00 mL、4.00 mL、6.00 mL 于 100 mL 容量瓶中，另在各容量瓶中加入 5 mL 镧溶液(20 g/L)，最后加硝酸溶液(5+95)定容至刻度，混匀。此钙标准系列溶液中钙的质量浓度分别为 0 mg/L、0.500 mg/L、1.00 mg/L、2.00 mg/L、4.00 mg/L 和 6.00 mg/L

【样品检测】

1. 试样消解(湿法消解)

准确称取固体试样 0.2～3 g(精确至 0.001 g)于带刻度消化管中，加入 10 mL 硝酸、0.5 mL 高氯酸，在可调式电热炉上消解(参考条件：120 ℃/0.5 h～120 ℃/1 h,

升至 180 ℃/2 h～180 ℃/4 h，升至 200～220 ℃）。若消化液呈棕褐色，再加硝酸，消解至冒白烟，消化液呈无色透明或略带黄色。取出消化管，冷却后用水定容至 25 mL，再根据实际测定需要稀释，并在稀释液中加入一定体积的镧溶液（20 g/L），使其在最终稀释液中的浓度为 1 g/L，混匀备用，此为试样待测液。同时做试剂空白试验。也可采用锥形瓶，于可调式电热板上，按上述操作方法进行湿法消解。

2. 仪器参考条件

仪器参考条件见表 3-14。

表 3-14　仪器参考条件

元素	波长 /nm	狭缝 /nm	灯电流 /mA	燃烧头高度 /mm	空气流量 /(L·min⁻¹)	乙炔流量 /(L·min⁻¹)
钙	422.7	1.3	5～15	3	9	2

3. 标准曲线的制作

将钙标准系列溶液按浓度由低到高的顺序分别导入火焰原子化器，测定吸光度值，以标准系列溶液中钙的质量浓度为横坐标，相应的吸光度值为纵坐标，制作标准曲线。

4. 试样溶液的测定

在与测定标准溶液相同的试验条件下，将空白溶液和试样待测液分别导入原子化器，测定相应的吸光度值，与标准系列比较定量。

【数据处理】

试样中钙的含量按下式计算：

$$X = \frac{(\rho - \rho_0) \times f \times V}{m}$$

式中　X——试样中钙的含量（mg/kg 或 mg/L）；

ρ——试样待测液中钙的质量浓度（mg/L）；

ρ_0——空白溶液中钙的质量浓度（mg/L）；

f——试样消化液的稀释倍数；

V——试样消化液的定容体积（mL）；

m——试样质量或移取体积（g 或 mL）。

当钙含量≥10.0 mg/kg 或 10.0 mg/L 时，计算结果保留三位有效数字；当钙含量＜10.0 mg/kg 或 10.0 mg/L 时，计算结果保留两位有效数字。

【精密度】

在精密度条件下获得的两次独立测定结果的绝对差值不得超过算术平均值的 10%。

■知识扩展

试样消解还可以选择下面的三种方法。

1. 微波消解

准确称取固体试样 0.2～0.8 g(精确至 0.001 g)或准确移取液体试样 0.500～3.00 mL 于微波消解罐中，加入 5 mL 硝酸，按照微波消解的操作步骤消解试样，消解参考条件见表 3-15。冷却后取出消解罐，在电热板上于 140～160 ℃赶酸至 1 mL 左右。消解罐放冷后，将消化液转移至 25 mL 容量瓶中，用少量水洗涤消解罐 2～3 次，合并洗涤液于容量瓶中并用水定容至刻度。根据实际测定需要稀释，并在稀释液中加入一定体积镧溶液(20 g/L)使其在最终稀释液中的浓度为 1 g/L，混匀备用，此为试样待测液。同时做试剂空白试验。

表 3-15　微波消解参考条件

步骤	设定温度/℃	升温时间/min	恒温时间/min
1	120	5	5
2	160	5	10
3	180	5	10

2. 压力罐消解

准确称取固体试样 0.2～1 g(精确至 0.001 g)或准确移取液体试样 0.500～5.00 mL 于消解内罐中，加入 5 mL 硝酸。盖好内盖，旋紧不锈钢外套，放入恒温干燥箱，于 140～160 ℃下保持 4～5 h。冷却后缓慢旋松外罐，取出消解内罐，放在可调式电热板上于 140～160 ℃赶酸至 1 mL 左右。冷却后将消化液转移至 25 mL 容量瓶中，用少量水洗涤内罐和内盖 2～3 次，合并洗涤液于容量瓶中并用水定容至刻度，混匀备用。根据实际测定需要稀释，并在稀释液中加入一定体积的镧溶液(20 g/L)，使其在最终稀释液中的浓度为 1 g/L，混匀备用，此为试样待测液。同时做试剂空白试验。

3. 干法灰化

准确称取固体试样 0.5～5 g(精确至 0.001 g)或准确移取液体试样 0.500～10.0 mL 于坩埚中，小火加热，炭化至无烟，转移至马弗炉，于 550 ℃灰化 3～4 h，冷却，取出。对于灰化不彻底的试样，加数滴硝酸，小火加热，小心蒸干，再转入 550 ℃马弗炉，继续灰化 1～2 h，至试样呈白灰状，冷却，取出，用适量硝酸溶液(1＋1)溶解转移至刻度管中，用水定容至 25 mL。根据实际测定需要稀释，并在稀释液中加入一定体积的镧溶液，使其在最终稀释液中的浓度为 1 g/L，混匀备用，此为试样待测液。同时做试剂空白试验。

⌨ **知识链接**

GB 10765—2021　　　　　　GB 5009.92—2016

📠 检验报告单

检验报告单见表 3-16。

表 3-16　检验报告单

样品名称				样品状态		
检验项目				检验方法		
检验人				检验日期		
标准曲线的制作						
钙的质量浓度/(mg·L^{-1})	0.00	0.500	1.00	2.00	4.00	6.00
吸光度						
回归方程				相关系数		
样品测定						
平行试验					1	2
试样质量/g						
试样消化液的定容体积/mL						
试样消化液的稀释倍数						
试样待测液中钙的质量浓度/(mg·L^{-1})						
空白溶液中钙的质量浓度/(mg·L^{-1})						
试样中钙的含量/(mg·kg^{-1})						
试样中钙的含量平均值/(mg·kg^{-1})						
相对相差/%						
精密度判断				□相对相差≤10%，符合精密度要求 □相对相差>10%，不符合精密度要求		
检测结果				□试样中钙的含量为＿＿＿＿＿＿＿ □精密度不符合要求，应重新测定		
检测结论						

2008 年 6 月 28 日，兰州市解放军第一医院收治了首个患"肾结石"病症的婴幼儿。

2008 年 9 月 11 日，《东方早报》发表《甘肃 14 名婴儿疑喝"三鹿"奶粉致肾病》，第一次点出"三鹿"奶粉的名字，引发巨大舆论跟进和问责风暴。

2008 年 9 月 13 日，卫生部(现国家卫生健康委员会)证实，"三鹿"牌奶粉中含有三聚氰胺。

2008 年 9 月 16 日晚，质检总局通报全国婴幼儿奶粉三聚氰胺含量抽检结果，除"三鹿"外，"雅士利""伊利""蒙牛""圣元""熊猫""古城""光明"等著名品牌也检出三聚氰胺，整个行业面临危机。

2008 年 10 月 25 日，我国香港食物安全中心公布大连韩伟集团生产的"佳之选"鸡蛋三聚氰胺超标，三聚氰胺事件开始蔓延到整个食品领域。

2009 年 1 月 22 日，石家庄市中级人民法院一审宣判，三鹿集团原董事长田文华被判处无期徒刑；生产销售含三聚氰胺混合物的张玉军被判处死刑，张彦章被判处无期徒刑；向原奶中添加含有三聚氰胺混合物并销售给三鹿集团的耿金平被判处死刑；生产销售含有三聚氰胺混合物的高俊杰被判处死刑、缓期两年执行，薛建忠被判处无期徒刑。

2011 年，卫生部等五部委下发公告，三聚氰胺限量值标准从乳制品扩展到整个食品，我国食品中三聚氰胺的标准得到统一：规定婴儿配方食品中三聚氰胺的限量值为 1 mg/kg，其他食品中三聚氰胺的限量值为 2.5 mg/kg，高于限量的食品一律不得销售。公告明确对在食品中人为添加三聚氰胺的，要依法追究法律责任。

三聚氰胺是什么？为什么要添加在牛奶里？

三聚氰胺是一种化工原料，俗称密胺、蛋白精，IUPAC 命名为"1,3,5-三嗪-2,4,6-三胺"，是一种三嗪类含氮杂环有机化合物，被用作化工原料。三聚氰胺不是食品原料，也不是食品添加剂，禁止人为添加，然而三聚氰胺被不法商人用作食品添加剂，以提升食品检测中蛋白质的含量指标。

项目4　肉及肉制品检验

 **学习目标**

知识目标

掌握肉制品中挥发性盐基氮、食盐、脂肪、总糖、亚硝酸盐含量的测定原理、操作步骤及数据处理方法。

能力目标

能够采用自动凯氏定氮仪法、银量法、酸水解法、直接滴定法、分光光度法独立进行肉与肉制品中挥发性盐基氮、食盐、脂肪、总糖、亚硝酸盐的测定工作。

素质目标

1. 培养科学严谨的探索精神和实事求是、独立思考的工作态度；

2. 培养求真务实、勇于实践的工匠精神和创新精神；

3. 养成严格遵守安全操作规程的安全意识。

任务1　冷冻肉挥发性盐基氮的测定

挥发性盐基氮(TVB-N)指动物性食品由于酶和细菌的作用，在腐败过程中，使蛋白质分解而产生氨及胺类等碱性含氮物质。此类物质具有挥发性，其含量越高，表明氨基酸被破坏得越多，特别是甲硫氨酸和酪氨酸，使食品营养价值大受影响。挥发性盐基氮是反映原料鱼和肉的鲜度的主要指标。

《食品安全国家标准　鲜(冻)畜、禽产品》(GB 2707—2016)规定：挥发性盐基氮 $\leqslant$ 15 mg/(100 g)。

任务描述

市场监管部门对超市销售的冷冻肉制品进行抽检，检验员测定其挥发性盐基氮含量，判断产品是否合格。

测定方法及测定原理

【测定方法】

《食品安全国家标准　食品中挥发性盐基氮的测定》(GB 5009.228—2016)中第二法

自动凯氏定氮仪法，适用于以肉类为主要原料的食品、动物的鲜（冻）肉、肉制品和调理肉制品、动物性水产品和海产品及其调理制品、皮蛋（松花蛋）和咸蛋等腌制蛋制品中挥发性盐基氮的测定。

【测定原理】

挥发性盐基氮具有挥发性，在碱性溶液中蒸出，利用硼酸溶液吸收后，用标准酸溶液滴定，计算挥发性盐基氮的含量。

任务实施

【仪器用具准备】

冷冻肉挥发性盐基氮的测定仪器用具如图 4-1 所示。

分析天平（感量 1 mg）　　　　　组织捣碎机　　　　　自动凯氏定氮仪

图 4-1　冷冻肉挥发性盐基氮的测定仪器用具

【试剂准备】

试剂及配制方法见表 4-1。

表 4-1　试剂及配制方法

试剂名称	配制方法
氧化镁	—
硼酸溶液（20 g/L）	称取 20 g 硼酸，加水溶解后并稀释至 1 000 mL
盐酸标准滴定溶液（0.100 0 mol/L）	按《化学试剂　标准滴定溶液的制备》（GB/T 601—2016）配制和标定
甲基红乙醇溶液（1 g/L）	称取 0.1 g 甲基红，溶于 95％乙醇并稀释至 100 mL
溴甲酚绿乙醇溶液（1 g/L）	称取 0.1 g 溴甲酚绿，溶于 95％乙醇并稀释至 100 mL
混合指示液	1 份甲基红乙醇溶液与 5 份溴甲酚绿乙醇溶液临用时混合

【样品检测】

1. 仪器设定

(1)标准溶液使用盐酸标准滴定溶液(0.100 0 mol/L)。

(2)带自动添加试剂、自动排废功能的自动凯氏定氮仪,关闭自动排废、自动加碱和自动加水功能,设定加碱、加水体积为 0 mL。

(3)硼酸接收液加入设定为 30 mL。

(4)蒸馏设定:设定蒸馏时间为 180 s 或蒸馏体积为 200 mL,以先到者为准。

(5)滴定终点设定:采用自动电位滴定方式判断终点的定氮仪,设定滴定终点 pH=4.65;采用颜色方式判断终点的定氮仪,使用混合指示液,30 mL 的硼酸接收液滴加 10 滴混合指示液。

2. 试样处理

鲜(冻)肉去除皮、脂肪、骨、筋腱,取瘦肉部分,鲜(冻)海产品和水产品去除外壳、皮、头部、内脏、骨刺,取可食部分,绞碎搅匀。制成品直接绞碎搅匀。肉糜、肉粉、肉松、鱼粉、鱼松、液体样品等均匀样品可直接使用。

其他样品称取试样 10 g,精确至 0.001 g,于蒸馏管内,加入 75 mL 水,振摇,使试样在样液中分散均匀,浸渍 30 min。

3. 测定

(1)按照仪器操作说明书的要求运行仪器,通过清洗、试运行,使仪器进入正常测试运行状态,首先进行试剂空白测定,取得空白值。

(2)在装有已处理试样的蒸馏管中加入 1 g 氧化镁,立刻连接到蒸馏器上,按照仪器设定的条件和仪器操作说明书的要求开始测定。

(3)测定完毕及时清洗和疏通加液管路和蒸馏系统。

【数据处理】

试样中挥发性盐基氮的含量按下式计算:

$$X=\frac{(V_1-V_2)\times c\times 14}{m}\times 100$$

式中　X——试样中挥发性盐基氮的含量[mg/(100 g)];

　　　V_1——试液消耗盐酸标准滴定溶液的体积(mL);

　　　V_2——试剂空白消耗盐酸标准滴定溶液的体积(mL);

　　　c——盐酸标准滴定溶液的浓度(mol/L)。

试验结果以精密度条件下获得的两次独立测定结果的算术平均值表示,结果保留三位有效数字。

【精密度】

在精密度条件下获得的两次独立测定结果的绝对差值不得超过算术平均值的 10%。

GB 2707—2016   GB 5009. 228—2016

检验报告单

检验报告单见表 4-2。

表 4-2 检验报告单

样品名称		样品状态	
检验项目		检验方法	
检验人		检验日期	
平行试验		1	2
试样质量/g			
盐酸标准滴定溶液的浓度/(mol·L^{-1})			
试液消耗盐酸标准滴定溶液的体积/mL			
试剂空白消耗盐酸标准滴定溶液的体积/mL			
挥发性盐基氮的含量/[mg·(100 g)$^{-1}$]			
挥发性盐基氮的含量平均值/[mg·(100 g)$^{-1}$]			
相对相差/%			
精密度判断		□相对相差≤10%，符合精密度要求 □相对相差＞10%，不符合精密度要求	
检测结果		□挥发性盐基氮的含量为_____ □精密度不符合要求，应重新测定	
检测结论			

任务2　熏煮火腿中氯化物的测定

食盐(化学名称氯化钠)在肉制品加工中的作用:第一,调味。添加食盐可增加和改善食品风味。在食盐的各种用途中,当首推其在饮食上的调味功用,即能去腥、提鲜、解腻、减少或掩饰异味、平衡风味,又可突出原料的鲜香之味。因此,食盐是人们日常生活中不可缺少的调味品之一。第二,提高肉制品的持水能力、改善质地。氯化钠能活化蛋白质,增加水合作用和结合水的能力,从而改善肉制品的质地,增加其嫩度、弹性、凝固性和适口性,使其成品形态完整,质量提高。增加肉糜的黏性,促进脂肪混合以形成稳定的乳状物。第三,抑制微生物的生长。食盐可降低水分活度,提高渗透压,抑制微生物的生长,延长肉制品的保质期。

《熏煮火腿质量通则》(GB/T 20711—2022)规定:食盐(以 NaCl 计)≤3.5%。

任务描述

市场监管部门对市场销售的火腿制品进行抽检,检验员测定其氯化钠含量,判断是否符合产品质量标准。

测定方法及测定原理

【测定方法】

《食品安全国家标准　食品中氯化物的测定》(GB 5009.44—2016)中第三法银量法(摩尔法或直接滴定法)适用于浅颜色食品中氯化物的测定。

【测定原理】

样品经处理后,以铬酸钾为指示剂,用硝酸银标准滴定溶液滴定试液中的氯化物。根据硝酸银标准滴定溶液的消耗量,计算食品中氯的含量。

任务实施

【仪器用具准备】

熏煮火腿中氯化物的测定仪器用具如图 4-2 所示。

分析天平(感量 1 mg)　　　组织捣碎机　　　100 mL 具塞比色管

图 4-2　熏煮火腿中氯化物的测定仪器用具

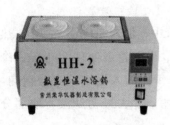

数显恒温水浴锅

超声波清洗器

漏斗及漏斗架

移液管(50 mL、1 mL)

锥形瓶(250 mL)

滴定管

图 4-2　熏煮火腿中氯化物的测定仪器用具(续)

【试剂准备】

试剂及配制方法见表 4-3。

表 4-3　试剂及配制方法

试剂名称	配制方法
沉淀剂 I	称取 106 g 亚铁氰化钾，加水溶解并定容到 1 L，混匀
沉淀剂 II	称取 220 g 乙酸锌，溶于少量水中，加入 30 mL 冰乙酸，加水定容到 1 L，混匀
铬酸钾溶液(5%)	称取 5 g 铬酸钾，加水溶解，并定容到 100 mL
铬酸钾溶液(10%)	称取 10 g 铬酸钾，加水溶解，并定容到 100 mL
氢氧化钠溶液(0.1%)	称取 0.1 g 氢氧化钠，加水溶解，并定容到 100 mL
酚酞乙醇溶液(1%)	称取 1 g 酚酞，溶于 60 mL 乙醇中，用水稀释至 100 mL
硝酸银标准滴定溶液(0.1 mol/L)	按《化学试剂　标准滴定溶液的制备》(GB/T 601—2016)配制与标定

【样品检测】

1. 试样制备

取有代表性的样品至少 200 g，用组织捣碎机捣碎，置于密闭的玻璃容器内。

2. 试样溶液制备

称取约 10 g 试样(精确至 1 mg)于 100 mL 具塞比色管中,加入 50 mL 约 70 ℃ 热水,振荡分散样品,水浴中煮沸 15 min,并不断摇动,取出,超声处理 20 min,冷却至室温,依次加入 2 mL 沉淀剂Ⅰ和 2 mL 沉淀剂Ⅱ。每次加入沉淀剂充分摇匀,用水稀释至刻度,摇匀,在室温静置 30 min。用滤纸过滤,弃去最初滤液,取部分滤液测定。

3. 测定

(1)pH＝6.5～10.5 的试液:移取 50.00 mL 试液于 250 mL 锥形瓶中,加入 50 mL 水和 1 mL 铬酸钾溶液(5％)。滴加 1～2 滴硝酸银标准滴定溶液,此时,滴定液应变为棕红色,如不出现这一现象,应补加 1 mL 铬酸钾溶液(10％),再边摇动边滴加硝酸银标准滴定溶液,颜色由黄色变为橙黄色(保持 1 min 不褪色)。记录消耗硝酸银标准滴定溶液的体积。

(2)pH 小于 6.5 的试液:移取 50.00 mL 试液于 250 mL 锥形瓶中,加 50 mL 水和 0.2 mL 酚酞乙醇溶液,用氢氧化钠溶液滴定至微红色,加 1 mL 铬酸钾溶液(10％),再边摇动边滴加硝酸银标准滴定溶液,颜色由黄色变为橙黄色(保持 1 min 不褪色),记录消耗硝酸银标准滴定溶液的体积。

(3)空白试验:记录消耗硝酸银标准滴定溶液的体积。

【数据处理】

食品中氯化钠的含量按下式计算:

$$X = \frac{0.058\,5 \times c \times (V_3 - V_0) \times V}{m \times V_2} \times 100$$

式中　X——试样中氯化物的含量(以 Cl^- 计)(％);

　　　0.058 5——与 1.00 mL 硝酸银标准滴定溶液(c_{AgNO_3}＝1.000 mol/L)相当的氯化钠的质量(g);

　　　c——硝酸银标准滴定溶液浓度(mol/L);

　　　V_0——空白试验时消耗的硝酸银标准滴定溶液体积(mL);

　　　V_2——用于滴定的滤液体积(mL);

　　　V_3——滴定试液时消耗的硝酸银标准滴定溶液体积(mL);

　　　V——试样定容体积(mL);

　　　m——试样质量(g)。

当氯化物含量≥1％时,结果保留三位有效数字;当氯化物含量<1％时,结果保留两位有效数字。

【精密度】

在精密度条件下获得的两次独立测试结果的绝对差值不得超过算术平均值的 5％。

GB/T 20711—2022

GB 5009.44—2016

检验报告单

检验报告单见表 4-4。

表 4-4 检验报告单

样品名称		样品状态	
检验项目		检验方法	
检验人		检验日期	
平行试验		1	2
试样质量/g			
硝酸银标准滴定溶液/(mol·L^{-1})			
试液消耗硝酸银标准滴定溶液的体积/mL			
空白消耗硝酸银标准滴定溶液的体积/mL			
氯化钠的含量/[mg·(100 g)$^{-1}$]			
氯化钠的含量平均值/[mg·(100 g)$^{-1}$]			
相对相差/%			
精密度判断		□相对相差≤5%，符合精密度要求 □相对相差＞5%，不符合精密度要求	
检测结果		□氯化钠的含量为_____ □精密度不符合要求，应重新测定	
检测结论			

任务3 中式香肠中脂肪的测定

香肠是一种含有蛋白质、脂肪、碳水化合物、各种矿物质和维生素等营养成分的高温肉制品，食用简单，方便携带，得到了消费者的喜欢。香肠中的脂肪是其重要的营养成分之一，脂肪为人体提供了必需脂肪酸，也是人体热能的主要来源，是食物中能量最高的营养素，在香肠加工过程中，脂类对于产品的口感、组织结构、外观等都有直接影响，脂肪含量也是香肠质量的一项重要的控制指标。因此，测定香肠中的脂肪含量具有重要意义。

《中式香肠质量通则》(GB/T 23493—2022)脂肪含量规定见表4-5。

表4-5 脂肪含量规定

等级	特级	优级	普通级
脂肪/[g·(100 g)$^{-1}$]	≤35.0	≤45.0	≤55.0

🧰 任务描述

某香肠企业生产一批中式香肠，检验员测定其脂肪含量，判断是否符合产品质量标准。

🧰 测定方法及测定原理

【测定方法】

《食品安全国家标准 食品中脂肪的测定》(GB 5009.6—2016)中第二法酸水解法，适用于水果、蔬菜及其制品、粮食及粮食制品、肉及肉制品、蛋及蛋制品、水产及其制品、焙烤食品、糖果等食品中游离态脂肪及结合态脂肪总量的测定。

【测定原理】

食品中的结合态脂肪必须用强酸使其游离出来，游离出的脂肪易溶于有机溶剂。试样经盐酸水解后用无水乙醚或石油醚提取，除去溶剂即得游离态和结合态脂肪的总含量。

🧰 任务实施

【仪器用具准备】

中式香肠中脂肪的测定仪器用具如图4-3所示。

组织捣碎机

分析天平(感量 0.001 g)

电热板

索氏抽提器

电热恒温干燥箱

干燥器

图 4-3　中式香肠中脂肪的测定仪器用具

【试剂准备】

试剂及配制方法见表 4-6。

表 4-6　试剂及配制方法

试剂名称	配制方法
盐酸溶液(2 mol/L)	量取 50 mL 盐酸,加入 250 mL 水中,混匀
无水乙醚或石油醚	—

【样品检测】

1. 样品酸水解

称取试样 2～5 g,准确至 0.001 g,置于 50 mL 试管内,加入 8 mL 水,混匀后再加 10 mL 盐酸。将试管放入 70～80 ℃水浴,每隔 5～10 min 以玻璃棒搅拌 1 次,至试样消化完全为止,时间为 40～50 min。

2. 脂肪提取

取出试管,加入 10 mL 乙醇,混合。冷却后将混合物移入 100 mL 具塞量筒,以 25 mL 无水乙醚分数次洗试管,一并倒入量筒。待无水乙醚全部倒入量筒后,加塞振摇 1 min,小心开塞,放出气体,再塞好,静置 12 min。

小心开塞,并用乙醚冲洗塞及量筒口附着的脂肪。

静置 10～20 min，待上部液体清晰，吸出上清液于已恒重的抽提瓶内。

再加 5 mL 无水乙醚于具塞量筒内，振摇，静置后，仍将上层乙醚吸出，放入原抽提瓶。

3. 烘干与称量

回收乙醚，待接收瓶内溶剂剩余 1～2 mL 时在水浴上蒸干，再于(100±5)℃的电热恒温干燥箱内干燥 1 h，放干燥器内冷却 0.5 h 后称量。重复以上操作直至恒重(直至两次称量的差不超过 2 mg)。

【数据处理】

试样中的脂肪含量按下式计算：

$$X = \frac{m_1 - m_0}{m} \times 100$$

式中　X——试样中脂肪的含量[g/(100 g)]；

　　　m——试样的质量(g)；

　　　m_1——脂肪和抽提瓶的质量(g)；

　　　m_0——抽提瓶的质量(g)。

以精密度条件下获得的两次独立测定结果的算术平均值表示，结果表示到小数点后一位。

【精密度】

在精密度条件下获得的两次独立测定结果的绝对差值不得超过算术平均值的 10%。

⌨ 知识链接

GB 5009.6—2016　　　　　　GB/T 23493—2022

⌨ 检验报告单

检验报告单见表 4-7。

表 4-7　检验报告单

样品名称		样品状态	
检验项目		检验方法	
检验人		检验日期	
平行试验		1	2
抽提瓶编号			
抽提瓶质量/g			
试样质量/g			
抽提瓶＋脂肪质量/g			
脂肪含量/[g・(100 g)$^{-1}$]			
脂肪含量平均值/[g・(100 g)$^{-1}$]			
相对相差/%			
精密度判断		□相对相差≤10%，符合精密度要求 □相对相差＞10%，不符合精密度要求	
检测结果		□香肠中脂肪含量为＿＿＿＿＿＿＿＿ □精密度不符合要求，应重新测定	
检测结论			

任务4 中式香肠中总糖的测定

总糖主要指具有还原性的葡萄糖、果糖、戊糖、乳糖,在测定条件下能水解为还原性的单糖的蔗糖、麦芽糖,以及可能部分水解的淀粉。肉制品中的总糖量是影响肉制品质量的重要指标之一,总糖含量直接影响肉制品的质量及成本。

任务描述

某肉品加工企业生产一批中式香肠,检验员测定其总糖含量,判断是否符合产品质量标准。

测定方法及测定原理

【测定方法】

《肉制品 总糖含量测定》(GB/T 9695.31—2008)中第二法直接滴定法适用于不含淀粉的肉制品中总糖含量的测定。

【测定原理】

试样先除去蛋白后,经盐酸水解,在加热条件下,以次甲基蓝做指示剂,滴定标定过的碱性酒石酸铜溶液(斐林试剂),根据消耗样品液的量得到试样总糖的含量。

任务实施

【仪器用具准备】

中式香肠中总糖的测定仪器用具如图4-4所示。

分析天平(感量0.1 mg)

组织捣碎机(绞肉机)

容量瓶(250 mL)

图4-4 中式香肠中总糖的测定仪器用具

移液管(5 mL)

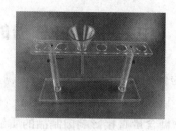
漏斗及漏斗架

滤纸

电炉

锥形瓶(150 mL)

滴定管

图 4-4　中式香肠中总糖的测定仪器用具(续)

【试剂准备】

试剂及配制方法见表 4-8。

表 4-8　试剂及配制方法

试剂名称	配制方法
碱性酒石酸铜甲液	称取 15 g 硫酸铜($CuSO_4 \cdot 5H_2O$)及 0.05 g 次甲基蓝,溶于水中并稀释至 1 000 mL
碱性酒石酸铜乙液	称取 50 g 酒石酸钾钠、75 g 氢氧化钠,溶于水中,再加入 4 g 亚铁氰化钾,完全溶解后,用水稀释至 1 000 mL,储存于橡胶塞玻璃瓶中
乙酸锌溶液	称取 21.9 g 乙酸锌,加 3 mL 冰乙酸,加水溶解并稀释至 100 mL
亚铁氰化钾溶液	称取 10.6 g 亚铁氰化钾,加水溶解并稀释至 100 mL
盐酸溶液(1+1)	量取盐酸 50 mL,加水 50 mL,混匀
甲基红指示剂	称取 0.1 g 甲基红,用少量乙醇(95%)溶解后,稀释至 100 mL
氢氧化钠溶液	称取 200 g 固体氢氧化钠,用水溶解并稀释至 1 000 mL
葡萄糖标准溶液 (1.0 mg/mL)	准确称取 1.000 g 经过(96±2)℃的干燥箱干燥 2 h 的纯葡萄糖,加水溶解后加入 5 mL 盐酸,并加水定容至 1 000 mL。此溶液每毫升相当于 1.0 mg 葡萄糖

【样品检测】

1. 试样制备

取有代表性的试样不少于 200 g,用绞肉机绞两次并混匀。绞好的试样应尽快分析，若不立即分析，应密封冷藏储存，防止变质和成分发生变化。储存的试样在启用时应重新混匀。

2. 试样处理

称取试样 5～10 g（精确至 0.001 g），置于 250 mL 容量瓶中，加 50 mL 水在 (45 ± 1) ℃水浴中加热 1 h，并时时振摇。慢慢加入 5 mL 乙酸锌溶液及 5 mL 亚铁氰化钾溶液，冷却至室温，加水至刻度，混匀，沉淀，静置 30 min，用干燥滤纸过滤，弃去初滤液，准确吸取 50 mL 滤液于 100 mL 容量瓶中，加 5 mL 盐酸溶液，在 68～70 ℃水浴中加热 15 min，冷却后加两滴甲基红指示剂，用氢氧化钠溶液中和至中性，加水至刻度，混匀，作为试样溶液。

3. 碱性酒石酸铜溶液的标定

准确吸取 5.0 mL 斐林试剂甲液及 5.0 mL 乙液，置于 150 mL 锥形瓶中，加水 10 mL，加入玻璃珠 2 粒，从滴定管预加约 9 mL 葡萄糖标准溶液，控制在 2 min 内加热至沸，趁热以 2 s/滴的速度继续滴加葡萄糖标准溶液，直至溶液蓝色刚好褪去为终点（若滴定体积小于 0.5 mL 或大于 1 mL，则需调整加入葡萄糖标准溶液的量），记录消耗葡萄糖标准溶液的总体积，同时平行操作三份，取其平均值，计算每 10 mL（甲、乙液各 5 mL）斐林试剂相当于葡萄糖的质量（mg）。

4. 试样溶液预测

准确吸取 5.0 mL 斐林试剂甲液及 5.0 mL 乙液，置于 150 mL 锥形瓶中，加水 10 mL，加入玻璃珠 2 粒，控制在 2 min 内加热至沸，趁沸以先快后慢的速度，从滴定管中滴加试样溶液，并保持溶液沸腾状态，待溶液颜色变浅时，以 2 s/滴的速度滴定，直至溶液蓝色刚好褪去为终点，记录试样溶液消耗体积。

5. 试样溶液测定

准确吸取 5.0 mL 斐林试剂甲液及 5.0 mL 乙液，置于 150 mL 锥形瓶中，加水 10 mL，加入玻璃珠 2 粒，从滴定管预加比预测体积少 1 mL 的试样溶液至锥形瓶中，使其在 2 min 内加热至沸，趁沸继续以 2 s/滴的速度滴定，直至蓝色刚好褪去为终点，记录试样溶液消耗体积。同法平行操作三份，得出平均消耗体积。

【数据处理】

试样中总糖的含量（以葡萄糖计）按下式计算：

$$X=\frac{A\times V_0}{m\times V_1\times 1\,000}\times 2\times 100$$

式中　X——试样中总糖的含量（以葡萄糖计）[g/(100 g)]；

　　　A——斐林试剂（甲、乙液各半）相当于葡萄糖的质量（mg）；

　　　V_0——试样经前处理后定容的体积（mL）；

　　　m——试样的质量（g）；

　　　V_1——测定时平均消耗试样溶液体积（mL）；

2——试样水解时稀释倍数。

当平行测定符合精密度所规定的要求时，取平行测定的算术平均值作为结果，精确到 0.1%。

【精密度】

在同一实验室由同一操作者在短暂的时间间隔内、用同一设备对同一试样获得的两次独立测定结果的绝对差值不得超过 1%。

📖 知识扩展

当试样溶液中还原糖浓度过高时，应适当稀释，再进行正式测定，使每次滴定消耗试样溶液的体积控制在与标定斐林试剂时所消耗的葡萄糖标准溶液的体积相近，约为 10 mL。

当浓度过低时则采取直接加入 10 mL 试样溶液，再用葡萄糖标准溶液滴定至终点，记录消耗的体积与标定时消耗的葡萄糖标准溶液体积之差相当于 10 mL 试样溶液中所含葡萄糖的量。

📖 知识链接

GB/T 9695.31—2008

检验报告单

检验报告单见表4-9。

表 4-9　检验报告单

样品名称		样品状态	
检验项目		检验方法	
检验人		检验日期	
碱性酒石酸铜溶液的标定			
平行试验		1	2
碱性酒石酸铜溶液体积/mL		10.00	10.00
标定时消耗葡萄糖标准溶液体积/mL			
10 mL 碱性酒石酸铜溶液相当于葡萄糖的质量/mg			
10 mL 碱性酒石酸铜溶液相当于葡萄糖的质量 平均值/mg			
样品测定			
平行试验		1	2
试样质量/g			
滴定 10 mL 碱性酒石酸铜溶液消耗试样 溶液体积/mL			
总糖含量/[g·(100 g)$^{-1}$]			
总糖含量平均值/[g·(100 g)$^{-1}$]			
两次测定结果差值/%			
精密度判断		□差值≤1%，符合精密度要求 □差值＞1%，不符合精密度要求	
检测结果		□总糖含量为＿＿＿＿＿＿＿＿ □精密度不符合要求，应重新测定	
检测结论			

任务5　火腿肠中亚硝酸盐的测定

亚硝酸盐是肉制品加工时经常使用的一种品质改良剂，其作用如下。

（1）发色作用。亚硝酸盐中的亚硝根和肌肉中的血红蛋白形成稳定的键，保持肉的粉红色，色质鲜艳，给人一种新鲜的感觉。

（2）抑菌作用。肉毒梭菌是一种致病性微生物，在肉制品加工时，如果没有亚硝酸盐的存在，肉毒梭菌就会繁殖产生毒素，危害人身安全和健康。

（3）抗氧化作用。亚硝酸盐本身是一种还原剂，它能防止肉制品的氧化变质，延长肉制品的保质期。

亚硝酸盐在一定的条件下能生成亚硝胺，亚硝胺是一种致癌物。另外，大量食用亚硝酸盐也能引起急性中毒，所以世界各国对亚硝酸盐的使用都有严格的规定。

🧰 任务描述

市场监管部门对超市销售的火腿肠进行抽检，检验员对其亚硝酸盐含量进行测定，判断产品是否合格。

🧰 测定方法及测定原理

【测定方法】

《食品安全国家标准　食品中亚硝酸盐与硝酸盐的测定》（GB 5009.33—2016）中第二法分光光度法适用于食品中亚硝酸盐和硝酸盐的测定。

【测定原理】

亚硝酸盐采用盐酸萘乙二胺法测定，硝酸盐采用镉柱还原法测定。

试样经沉淀蛋白质、除去脂肪后，在弱酸条件下，亚硝酸盐与对氨基苯磺酸重氮化后，再与盐酸萘乙二胺耦合形成紫红色染料，外标法测得亚硝酸盐含量。采用镉柱将硝酸盐还原成亚硝酸盐，测得亚硝酸盐总量，由测得的亚硝酸盐总量减去试样中亚硝酸盐含量，即得试样中硝酸盐含量。

🧰 任务实施

【仪器用具准备】

火腿肠中亚硝酸盐的测定仪器用具如图4-5所示。

分析天平(感量 1 mg)

组织捣碎机(绞肉机)

具塞锥形瓶(250 mL)

移液管(20 mL、5 mL、2 mL、
1 mL、0.5 mL)

数显恒温水浴锅

容量瓶(200 mL)

漏斗及漏斗架

具塞比色管(50 mL)

分光光度计

图 4-5　火腿肠中亚硝酸盐的测定仪器用具

【试剂准备】

试剂及配制方法见表 4-10。

表 4-10　试剂及配制方法

试剂名称	配制方法
饱和硼砂溶液(50 g/L)	称取 5.0 g 硼酸钠，溶于 100 mL 热水中，冷却后备用
亚铁氰化钾溶液(106 g/L)	称取 106.0 g 亚铁氰化钾，用水溶解，并稀释至 1 000 mL
乙酸锌溶液(220 g/L)	称取 220.0 g 乙酸锌，加 30 mL 冰乙酸溶解，用水稀释至 1 000 mL
对氨基苯磺酸溶液(4 g/L)	称取 0.4 g 对氨基苯磺酸，溶于 100 mL 20%盐酸中，混匀，置于棕色瓶中，避光保存

试剂名称	配制方法
盐酸萘乙二胺溶液(2 g/L)	称取 0.2 g 盐酸萘乙二胺，溶于 100 mL 水中，混匀，置于棕色瓶中，避光保存
亚硝酸钠标准溶液(200 μg/mL)	准确称取 0.100 0 g 于 110～120 ℃干燥恒重的亚硝酸钠，加水溶解，移入 500 mL 容量瓶，加水稀释至刻度，混匀
亚硝酸钠标准使用液(5.0 μg/mL)	临用前，吸取 2.50 mL 亚硝酸钠标准溶液(200 μg/mL)，置于 100 mL 容量瓶，加水稀释至刻度

【样品检测】

1. 试样预处理

取适量或全部样品，用食物粉碎机制成匀浆，备用。

2. 提取

称取 5 g(精确至 0.001 g)匀浆试样(如制备过程中加水，应按加水量折算)，置于 250 mL 具塞锥形瓶中，加 12.5 mL 50 g/L 饱和硼砂溶液，加入 70 ℃左右的水约 150 mL，混匀，于沸水浴中加热 15 min，取出置于冷水浴中冷却，并放置至室温。定量转移上述提取液至 200 mL 容量瓶中，加入 5 mL 106 g/L 亚铁氰化钾溶液，摇匀，再加入 5 mL 220 g/L 乙酸锌溶液，以沉淀蛋白质。加水至刻度，摇匀，放置 30 min，除去上层脂肪，上清液用滤纸过滤，弃去初滤液 30 mL，滤液备用。

3. 测定

吸取 40.0 mL 上述滤液于 50 mL 具塞比色管中，另吸取 0.00 mL、0.20 mL、0.40 mL、0.60 mL、0.80 mL、1.00 mL、1.50 mL、2.00 mL、2.50 mL 亚硝酸钠标准使用液(相当于 0.0 μg、1.0 μg、2.0 μg、3.0 μg、4.0 μg、5.0 μg、7.5 μg、10.0 μg、12.5 μg 亚硝酸钠)，分别置于 50 mL 具塞比色管中。于标准管与试样管中分别加入 2 mL 4 g/L 对氨基苯磺酸溶液，混匀，静置 3～5 min 后各加入 1 mL 2 g/L 盐酸萘乙二胺溶液，加水至刻度，混匀，静置 15 min，用 1 cm 比色杯，以零管调节零点，于波长 538 nm 处测吸光度，绘制标准曲线比较。同时做试剂空白。

【数据处理】

亚硝酸盐(以亚硝酸钠计)的含量按下式计算：

$$X = \frac{m_2 \times 1\ 000}{m_3 \times \dfrac{V_1}{V_0} \times 1\ 000}$$

式中　X——试样中亚硝酸钠的含量(mg/kg)；

　　　m_2——测定用样液中亚硝酸钠的质量(μg)；

　　　m_3——试样质量(g)。

　　　V_1——测定用样液体积(mL)；

V_0——试样处理液总体积(mL)。

结果保留两位有效数字。

【精密度】

在精密度条件下获得的两次独立测定结果的绝对差值不得超过算术平均值的 10%。

📇知识链接

GB 5009. 33—2016

检验报告单

检验报告单见表4-11。

表 4-11　检验报告单

样品名称					样品状态			
检验项目					检验方法			
检验人					检验日期			
标准曲线及回归方程								
比色管编号								
亚硝酸钠含量/μg								
吸光度								
回归方程					相关系数			
样品测定								
平行试验				1		2		
试样质量/g								
亚硝酸钠的含量/[mg·kg⁻¹]								
亚硝酸钠的含量平均值/[g·(100 g)⁻¹]								
相对相差/%								
精密度判断				□相对相差≤10%，符合精密度要求 □相对相差>10%，不符合精密度要求				
检测结果				□亚硝酸钠含量为＿＿＿＿＿＿＿ □精密度不符合要求，应重新测定				
检测结论								

 **案例分析**

2020 年 10 月，市场监管总局、公安部、农业农村部、商务部、中华全国供销合作总社联合印发通知，在全国范围内开展为期一年的农村假冒伪劣食品专项执法行动，严厉打击经营未经检验检疫的肉类、食品中添加非食用物质、"三无"食品、超过保质期食品等人民群众深恶痛绝的违法行为。

案例一："鲜美牛肉"非法添加，被处罚款百万元

2020 年 3 月，绵阳江油市市场监管局联合市公安局对胡某牛肉加工坊进行检查，在现场发现已开封的工业亚硝酸钠，胡某涉嫌使用非食品原料生产加工食品被立案调查。经查，胡某为增加肉制品色泽，按每 50 kg 冻牛肉（腿子肉或腱子肉）添加 3.5 kg 食用盐和 100 g 工业亚硝酸钠的比例腌制牛肉，制成可直接销售的白水牛肉（卤牛肉半成品），部分半成品再加工制成卤牛肉。胡某行为侵害了消费者生命健康权，且未办理"食品小作坊备案证"。胡某被处罚款 130.13 万元，5 年内不得从事食品生产经营工作。

案例二：重庆渝北查处毛顺明农副产品经营部非法使用工业松香加工猪头肉案

2020 年 8 月，重庆市渝北区市场监管局木耳镇市场监管所根据举报，对渝北区毛顺明农副产品经营部进行检查，现场发现该食品加工点使用工业松香进行脱毛。经检验，已清洗猪头肉使用的残留松香、熬制时使用的松香和未使用的松香主体成分均是松香酸（工业松香）。至案发，当事人使用工业松香加工了约 8 000 个猪头，计 20 吨，涉案货值金额逾 192 万元，违法所得逾 144 万元。当事人的行为违反了《中华人民共和国食品安全法》第三十四条第（一）项，构成食品中添加食品添加剂以外的化学物质的违法行为。

案例三：浙江杭州破获"3.30"制售有毒有害牛百叶系列案

2021 年 3 月，根据工作中发现的线索，杭州市公安局侦破制售有毒有害牛百叶系列案。经查，黄某、刘某等犯罪团伙在杭州城乡接合部的村民院落内，使用吊白块、甲醛等化学物质将牛肚、牛百叶浸泡增重、漂白后销往当地一些农贸市场摊位。案件侦破后，当地政府组织对市场销售动物内脏制品进行专项整治，取得明显成效。

项目5 酒类检验

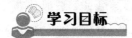

学习目标

知识目标

掌握白酒乙醇浓度、总酸、总酯、甲醇及啤酒色度、浊度、酒精度、原麦汁、双乙酰含量的测定原理、操作步骤及数据处理方法。

能力目标

能够采用酒精计法、酸碱指示剂滴定法、指示剂法、比色计法、浊度计法、密度瓶法，独立开展白酒乙醇浓度、总酸、总酯、甲醇，以及啤酒色度、浊度、酒精度、原麦汁、双乙酰含量的检测工作。

素质目标

1. 培养科学严谨的探索精神和实事求是、独立思考的工作态度；
2. 培养求真务实、勇于实践的工匠精神和创新精神；
3. 养成严格遵守安全操作规程的安全意识。

任务1 白酒乙醇浓度测定

乙醇浓度(酒精度)是酒类产品的一个重要理化指标，含量不达标主要影响产品的品质。《地理标志产品 贵州茅台酒》(GB/T 18356—2007)规定了 53%vol 陈年贵州茅台酒、53%vol 贵州茅台酒、43%vol 贵州茅台酒、38%vol 贵州茅台酒、33%vol 贵州茅台酒的感官要求及理论指标等。

任务描述

贵州茅台酒厂生产一批 53%vol 贵州茅台酒，检验员测定其乙醇浓度，判断产品是否符合质量标准。

测定方法及测定原理

【测定方法】

《食品安全国家标准 酒和食用酒精中乙醇浓度的测定》(GB 5009.225—2023)中第

二法酒精计法适用于酒(除啤酒外)和食用酒精中乙醇浓度(酒精度)的测定。

【测定原理】

以蒸馏法除去样品中的不挥发性物质,用酒精计测定酒精体积分数示值,通过查询《食品安全国家标准　酒和食用酒精中乙醇浓度的测定》(GB 5009.225—2023)中附录 B 进行温度校正,求得在 20 ℃时的乙醇浓度(酒精度)。

🧰 任务实施

【仪器用具准备】

白酒乙醇浓度测定仪器用具如图 5-1 所示。

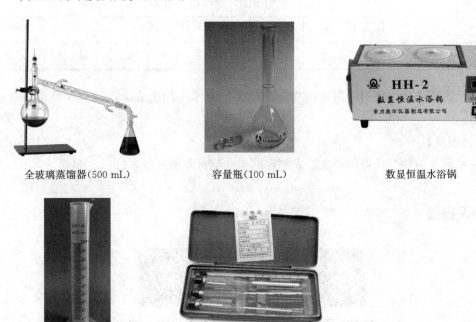

全玻璃蒸馏器(500 mL)　　　　容量瓶(100 mL)　　　　数显恒温水浴锅

量筒(100 mL)　　　　　　酒精计

图 5-1　白酒乙醇浓度测定仪器用具

【样品检测】

1. 试样制备

用一洁净、干燥的 100 mL 容量瓶,准确量取样品(温度 20 ℃)100 mL 于 500 mL 蒸馏瓶,用 50 mL 水分三次冲洗容量瓶,洗液并入 500 mL 蒸馏瓶中,加几颗沸石(或玻璃珠),连接蛇形冷凝管,以取样用的原容量瓶作为接收器(外加冰浴),开启冷凝水(冷却水温度宜低于 15 ℃),缓慢加热蒸馏,收集馏出液,当接近刻度时,取下容量瓶,盖塞,于 20 ℃水浴中保温 30 min,再补加水至刻度,混匀,备用。

2. 试样溶液的测定

将制备好的试样注入洁净、干燥的 100 mL 量筒，静置数分钟，待酒中气泡消失后，放入洁净、擦干的酒精计，再轻轻按一下，但不应该接触量筒壁，同时插入温度计，平衡约 5 min，水平观测，读取与弯月面相切处的刻度示值，同时记录温度。

【数据处理】

根据测得的酒精计示值和温度，查《食品安全国家标准　酒和食用酒精中乙醇浓度的测定》(GB 5009.225—2023)中附录 B(部分内容节选见表 5-1)进行温度校正，换算成 20 ℃时样品的酒精度，以体积分数"％vol"表示。

表 5-1　酒精计温度与 20 ℃酒精度(乙醇浓度)换算表

酒精度 /％vol	酒精计温度/℃								
	17	18	19	20	21	22	23	24	25
55	56.08	55.72	55.36	55.00	54.64	54.28	53.91	53.55	53.18

以精密度条件下获得的两次独立测定结果的算术平均值表示，结果保留至小数点后一位。

【精密度】

在精密度条件下获得的两次独立测定结果的绝对差值不得超过 0.5％vol。

📖知识链接

GB 5009.225—2023　　　　GB/T 18356—2007

📖检验报告单

检验报告单见表 5-2。

表 5-2　检验报告单

样品名称		样品状态	
检验项目		检验方法	
检验人		检验日期	
平行试验		1	2
酒精计温度			
酒精计示值			
换算成 20 ℃时样品的酒精度，以体积分数"%vol"表示			
酒精度平均值/%vol			
两次测定结果差值/%vol			
精密度判断		□两次测定结果差值≤0.5%vol，符合精密度要求 □两次测定结果差值＞0.5%vol，不符合精密度要求	
检测结果		□乙醇浓度为_____ □精密度不符合要求，应重新测定	
检测结论			

任务2　白酒总酸的测定

白酒中的酸是重要呈味物质之一，我们平时所说的白酒诸味协调，就是说酸甜苦辣咸兼有，白酒中的酸主要是乙酸和乳酸。

《固液法白酒》(GB/T 20822—2007)规定：高度酒(酒精度 41%～60%vol)总酸(以乙酸计)≥0.30 g/L，低度酒(酒精度 18%～40%vol)总酸≥0.20 g/L。

🧰 任务描述

某企业生产一批高粱酒，检验员测定其总酸含量，判断产品是否符合质量标准。

🧰 测定方法及测定原理

【测定方法】

《食品安全国家标准　食品中总酸的测定》(GB/T 12456—2021)中第一法酸碱指示剂滴定法适用于果蔬制品、饮料(澄清透明类)、白酒、米酒、白葡萄酒、啤酒和白醋中总酸的测定。

【测定原理】

根据酸碱中和原理，采用碱液滴定试液中的酸，以酚酞为指示剂确定滴定终点，根据消耗碱液的量计算食品中总酸含量。

🧰 任务实施

【仪器用具准备】

白酒总酸的测定仪器用具如图 5-2 所示。

分析天平(感量 0.1 mg)

容量瓶(250 mL)

锥形瓶(150 mL)

图 5-2　白酒总酸的测定仪器用具

移液管(25 mL)

微量滴定管

图 5-2　白酒总酸的测定仪器用具(续)

【试剂准备】

试剂及配制方法见表 5-3。

表 5-3　试剂及配制方法

试剂名称	配制方法
无二氧化碳的水	将水煮沸 15 min 以逐出二氧化碳，冷却，密闭
酚酞指示液(10 g/L)	称取 1 g 酚酞，溶于乙醇(95%)，用乙醇(95%)稀释至 100 mL
氢氧化钠标准滴定溶液(0.1 mol/L)	按照《食品卫生检验方法　理化部分　总则》(GB/T 5009.1—2003)的要求配制和标定
氢氧化钠标准滴定溶液(0.01 mol/L)	用移液管吸取 100 mL 0.1 mol/L 氢氧化钠标准滴定溶液至容量瓶，用水稀释到 1 000 mL，现用现配，必要时重新标定
氢氧化钠标准滴定溶液(0.05 mol/L)	用移液管吸取 50 mL 0.1 mol/L 氢氧化钠标准滴定溶液至容量瓶，用水稀释到 100 mL，现用现配，必要时重新标定

【样品检测】

1. 试样制备

称取 25 g(精确至 0.01 g)或用移液管吸取 25.0 mL 试样至 250 mL 容量瓶中，用无二氧化碳的水定容至刻度，摇匀。用快速滤纸过滤，收集滤液，用于测定。

2. 测定

根据试样总酸的可能含量，使用移液管吸取 25 mL、50 mL 或 100 mL 试液，置于 250 mL 三角瓶中，加入 2~4 滴(10 g/L)酚酞指示液，用 0.1 mol/L 氢氧化钠标准滴定溶液(若为白酒等样品，总酸≤4 g/kg，可用 0.01 mol/L 或 0.05 mol/L 氢氧化钠滴定溶液)滴定至微红色 30 s 不褪色。记录消耗 0.1 mol/L 氢氧化钠标准滴定溶液的体积数值。

3. 空白试验

用同体积无二氧化碳的水代替试液做空白试验，记录消耗氢氧化钠标准滴定溶液的体积数值。

【数据处理】

试样中总酸的含量按下式计算：

$$X = \frac{c \times (V_1 - V_2) \times k \times F}{m} \times 1\,000$$

式中　X——试样中总酸的含量（g/kg 或 g/L）；

　　　c——氢氧化钠标准滴定溶液的浓度（mol/L）；

　　　V_1——滴定试液时消耗氢氧化钠标准滴定溶液的体积（mL）；

　　　V_2——空白试验时消耗氢氧化钠标准滴定溶液的体积（mL）；

　　　k——酸的换算系数，乙酸为 0.060；

　　　F——试液的稀释倍数；

　　　m——试样的质量（g），或吸取试样的体积（mL）；

　　　1 000——换算系数。

计算结果以精密度条件下获得的两次独立测定结果的算术平均值表示，结果保留到小数点后两位。

【精密度】

在精密度条件下获得的两次独立测定结果的绝对差值不得超过算术平均值的 10%。

知识链接

GB/T 20822—2007　　　　　GB/T 12456—2021

检验报告单

检验报告单见表 5-4。

表 5-4 检验报告单

样品名称		样品状态	
检验项目		检验方法	
检验人		检验日期	
平行试验		1	2
试样体积/mL			
氢氧化钠标准滴定溶液的浓度/(mol·L^{-1})			
试样消耗氢氧化钠标准滴定液的体积/mL			
空白试验消耗硫代硫酸钠标准滴定液的体积/mL			
总酸/(g·L^{-1})			
总酸平均值/(g·L^{-1})			
相对相差/%			
精密度判断		□相对相差≤10%，符合精密度要求 □相对相差>10%，不符合精密度要求	
检测结果		□白酒总酸含量为_____ □精密度不符合要求，应重新测定	
检测结论			

任务3　白酒总酯的测定

　　总酯是白酒中多种酯的总称，它是白酒中重要的呈香、呈味物质，主要包括乙酸乙酯、乳酸乙酯、己酸乙酯、戊酸乙酯等多种成分，其中乳酸乙酯、乙酸乙酯、己酸乙酯是白酒中的三大主要酯类，其含量占总酯的90%以上。总酯分析是白酒中重要的检测项目，是判定白酒合格与否的重要指标之一。

　　《固液法白酒》(GB/T 20822—2007)规定：高度酒(酒精度41%～60%vol)总酯(以乙酸乙酯计)≥0.60 g/L，低度酒(酒精度18%～40%vol)总酯(以乙酸乙酯计)≥0.35 g/L。

任务描述

　　市场监管部门对市场销售的白酒进行抽检，检验员对其总酯含量进行测定，判断是否符合产品质量标准。

测定方法及测定原理

【测定方法】

《白酒分析方法》(GB/T 10345—2022)中指示剂法。

【测定原理】

　　用碱中和样品中的游离酸，再准确加入一定量的碱，加热回流使酯类皂化，用硫酸标准溶液滴定，指示剂判断终点，通过消耗酸的量计算出总酯的含量。

任务实施

【仪器用具准备】

白酒总酯的测定仪器用具如图5-3所示。

　　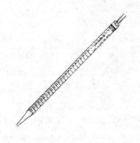　　

分析天平(感量0.1 mg)　　　　移液管(50 mL)　　　　玻璃回流装置(1 000 mL)

图5-3　白酒总酯的测定仪器用具

滴定管(25 mL)

数显恒温水浴锅

全玻璃蒸馏器(500 mL)

图 5-3　白酒总酯的测定仪器用具(续)

【试剂准备】

试剂及配制方法见表 5-5。

表 5-5　试剂及配制方法

试剂名称	配制方法
氢氧化钠标准滴定溶液(0.1 mol/L)	按《化学试剂　标准滴定溶液的制备》(GB/T 601—2016)的要求配制和标定
氢氧化钠标准溶液 [$c_{(NaOH)} = 3.5$ mol/L]	按《化学试剂　标准滴定溶液的制备》(GB/T 601—2016)配制
酚酞指示剂(10 g/L)	称取 1 g 酚酞,溶于乙醇(95%),用乙醇(95%)稀释至 100 mL
硫酸标准滴定溶液 [$c_{(1/2H_2SO_4)} = 0.1$ mol/L]	按《化学试剂　标准滴定溶液的制备》(GB/T 601—2016)配制与标定
无酯乙醇溶液[40%(体积分数)]	量取 95%乙醇 600 mL 于 1 000 mL 回流瓶中,加入 3.5 mol/L 氢氧化钠标准溶液 5 mL,加热回流皂化 1 h。然后移入全玻璃蒸馏器中重蒸,再配成 40%(体积分数)乙醇溶液

【样品检测】

(1)吸取样品 50.0 mL 于 250 mL 回流瓶中,加 2 滴酚酞指示液,以氢氧化钠标准滴定溶液(0.1 mol/L)滴定至微红色 30 s 不褪色(切勿过量),记录消耗氢氧化钠标准滴定溶液的毫升数。

(2)准确加入氢氧化钠标准滴定溶液($c = 0.1$ mol/L)25.00 mL(样品总酯含量高时,可加入 50.00 mL),摇匀,放入几颗沸石或玻璃珠,装上冷凝管(冷却水温度宜低于 15 ℃),于沸水浴上回流 30 min,取下,冷却。

(3)用硫酸标准滴定溶液进行滴定,使微红色刚好完全消失为其终点,记录消耗硫酸标准滴定溶液的体积。

(4)空白试验:吸取无酯乙醇溶液 50 mL,按上述方法同样操作做空白试验,记录消耗硫酸标准滴定溶液的体积。

【数据处理】

样品中总酯含量按下式计算：

$$X = \frac{c \times (V_0 - V_1) \times 88}{50.0}$$

式中 X——样品中总酯的质量浓度(以乙酸乙酯计)(g/L)；

         c——硫酸标准滴定溶液的实际浓度(mol/L)；

         V_0——空白试验消耗硫酸标准滴定溶液的体积(mL)；

         V_1——样品消耗硫酸标准滴定溶液的体积(mL)；

         88——乙酸乙酯的摩尔质量的数值(g/mol)；

         50.0——吸取样品体积(mL)。

以精密度条件下获得的两次独立测定结果的算术平均值表示，结果保留至小数点后两位。

【精密度】

在精密度条件下获得的两次独立测定结果的绝对差值不得超过平均值的2%。

📖知识链接

GB/T 20822—2007   GB/T 10345—2022

📖检验报告单

检验报告单见表 5-6。

表 5-6　检验报告单

样品名称		样品状态	
检验项目		检验方法	
检验人		检验日期	
平行试验		1	2
试样体积/mL			
硫酸标准滴定溶液的实际浓度/(mol·L^{-1})			
样品消耗硫酸标准滴定溶液的体积/mL			
空白试验消耗硫酸标准滴定液的体积/mL			
总酯/(g·L^{-1})			
总酯平均值/(g·L^{-1})			
相对相差/%			
精密度判断		□相对相差≤2%，符合精密度要求 □相对相差＞2%，不符合精密度要求	
检测结果		□白酒总酯含量为＿＿＿＿＿＿＿＿ □精密度不符合要求，应重新测定	
检测结论			

任务4 白酒中甲醇的测定

在酿造白酒的过程中，不可避免地有甲醇产生，甲醇是一种对人体有害的物质，对人体的神经系统和血液系统影响很大，它经消化道、呼吸道或皮肤摄入都会产生毒性反应，甲醇蒸气能损害人的呼吸道黏膜和视力。急性中毒症状有头疼、恶心、胃痛、疲倦、视力模糊以致失明，继而呼吸困难，最终导致呼吸中枢麻痹而死亡。慢性中毒症状为眩晕、昏睡、头痛、耳鸣、视力减退、消化障碍。

《食品安全国家标准 蒸馏酒及其配制酒》(GB 2757—2012)对甲醇含量的规定见表5-7。

表 5-7 甲醇含量指标

项目	指标	
	粮谷类	其他
甲醇/(g·L⁻¹)	≤0.6	≤2.0
注：甲醇指标按100%酒精度折算		

任务描述

市场监管部门对市场销售的白酒进行抽检，检验员对其甲醇含量进行测定，判断是否符合产品质量标准。

测定方法及测定原理

【测定方法】

《食品安全国家标准 食品中甲醇的测定》(GB 5009.266—2016)规定的方法适用于酒精、蒸馏酒、配制酒及发酵酒中甲醇的测定。

【测定原理】

蒸馏除去发酵酒及其配制酒中不挥发性物质，加入内标(酒精、蒸馏酒及其配制酒直接加入内标)，经气相色谱分离，氢火焰离子化检测器检测，以保留时间定性，内标法定量。

任务实施

【仪器用具准备】

白酒中甲醇的测定仪器用具如图5-4所示。

分析天平(感量 0.1 mg)　　　　气相色谱仪　　　　容量瓶(100 mL、25 mL)

图 5-4　白酒中甲醇的测定仪器用具

【试剂准备】

试剂及配制方法见表 5-8。

表 5-8　试剂及配制方法

试剂名称	配制方法
乙醇(色谱纯)	—
乙醇溶液(40%，体积分数)	量取 40 mL 乙醇，用水定容至 100 mL，混匀
甲醇(纯度≥99%)	CAS 号：67-56-1。或经国家认证并授予标准物质证书的标准物质
叔戊醇(纯度≥99%)	CAS 号：75-85-4
甲醇标准储备液(5 000 mg/L)	准确称取 0.5 g(精确至 0.001 g)甲醇至 100 mL 容量瓶中，用乙醇溶液定容至刻度，混匀，0~4 ℃低温冰箱密封保存
叔戊醇标准溶液(20 000 mg/L)	准确称取 2.0 g(精确至 0.001 g)叔戊醇至 100 mL 容量瓶中，用乙醇溶液定容至 100 mL，混匀，0~4 ℃低温冰箱密封保存
甲醇系列标准工作液	分别吸取 0.5 mL、1.0 mL、2.0 mL、4.0 mL、5.0 mL 甲醇标准储备液，于 5 个 25 mL 容量瓶中，用乙醇溶液定容至刻度，依次配制成甲醇含量为 100 mg/L、200 mg/L、400 mg/L、800 mg/L、1 000 mg/L 系列标准溶液，现配现用

【样品检测】

1. 试样前处理

吸取试样 10.0 mL 于试管中，加入 0.10 mL 叔戊醇标准溶液，混匀，备用。当试样颜色较深时，吸取 100 mL 试样于 500 mL 蒸馏瓶中，并加入 100 mL 水，加几颗沸石(或玻璃珠)，连接冷凝管，用 100 mL 容量瓶作为接收器(外加冰浴)，并开启冷却水，缓慢加热蒸馏，收集馏出液，当接近刻度时，取下容量瓶，待溶液冷却到室温后，用水定容至刻度，混匀。吸取 10.0 mL 蒸馏后的溶液于试管中，加入 0.10 mL 叔戊醇标准溶液，混匀，备用。

2. 仪器参考条件

仪器参考条件列出如下。

(1)色谱柱：聚乙二醇石英毛细管柱，柱长 60 m，内径 0.25 mm，膜厚 0.25 μm，或等效柱。

(2)色谱柱温度：初温 40 ℃，保持 1 min，以 4.0 ℃/min 升到 130 ℃，以 20 ℃/min 升到 200 ℃，保持 5 min。

(3)检测器温度：250 ℃。

(4)进样口温度：250 ℃。

(5)载气流量：1.0 mL/min。

(6)进样量：1.0 μL。

(7)分流比：20：1。

3. 标准曲线的制作

分别吸取 10 mL 甲醇系列标准工作液于 5 个试管中，然后加入 0.10 mL 叔戊醇标准溶液，混匀，测定甲醇和内标叔戊醇色谱峰面积，以甲醇系列标准工作液的浓度为横坐标，以甲醇和叔戊醇色谱峰面积的比值为纵坐标，绘制标准曲线(甲醇及内标叔戊醇标准的气相色谱图，如图 5-5 所示)。

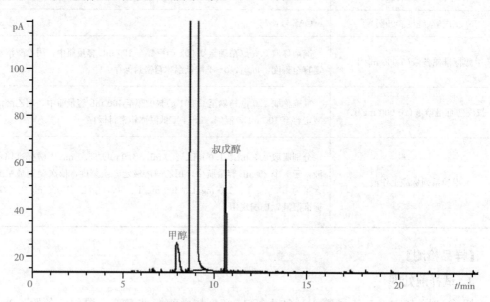

图 5-5　甲醇及内标叔戊醇标准的气相色谱图

4. 试样溶液的测定

将制备的试样溶液注入气相色谱仪，以保留时间定性，同时记录甲醇和叔戊醇色谱峰面积的比值，根据标准曲线得到待测液中甲醇的浓度。

【数据处理】

试样中甲醇含量(测定结果按 100%酒精度折算)按下式计算：

$$X = \frac{\rho \times 100}{C \times 1\,000}$$

式中　X——试样中甲醇的含量(g/L)；

　　　ρ——从标准曲线得到的试样溶液中甲醇的浓度(mg/L)；

　　　C——试样的酒精度；

　　　$1\,000$——换算系数。

计算结果保留三位有效数字。

【精密度】

在精密度测定条件下获得的两次独立测定结果的绝对差值不超过其算术平均值的 10%。

⌨ 知识链接

GB 2757—2012

GB 5009. 266—2016

检验报告单

检验报告单见表5-9。

表 5-9　检验报告单

样品名称		样品状态	
检验项目		检验方法	
检验人		检验日期	

标准曲线的制作					
编号	1	2	3	4	5
甲醇含量	100 mg/L	200 mg/L	400 mg/L	800 mg/L	1 000 mg/L
甲醇峰面积					
叔戊醇峰面积					
甲醇和叔戊醇峰面积比值					
回归方程					

样品测定		
平行试验	1	2
试样体积/mL		
甲醇峰面积		
叔戊醇峰面积		
甲醇和叔戊醇峰面积比值		
试样中甲醇的含量/$(g \cdot L^{-1})$		
甲醇含量平均值/$(g \cdot L^{-1})$		
相对相差/%		
精密度判断	□相对相差≤10%，符合精密度要求 □相对相差>10%，不符合精密度要求	
检测结果	□白酒中甲醇含量为＿＿＿＿＿＿＿ □精密度不符合要求，应重新测定	
检测结论		

任务 5　啤酒色度测定

色度是啤酒的重要感官指标之一。啤酒色泽主要来自麦壳和酒花中多酚和酶氧化物及工艺过程中溶解和产生的焦糖、类黑精、色素等。

《啤酒》(GB/T 4927—2008)产品分类如下。

(1)淡色啤酒：色度为 2～14 EBC 的啤酒。

(2)浓色啤酒：色度为 15～40 EBC 的啤酒。

(3)黑色啤酒：色度大于等于 41 EBC 的啤酒。

(4)特种啤酒。

注：EBC 值，欧洲啤酒协会(European Brewing Convention)值。

任务描述

市场监管部门对市场销售的啤酒进行抽检，检验员对其色度进行测定，判断是否符合产品质量标准。

测定方法及测定原理

【测定方法】

《啤酒分析方法》(GB/T 4928—2008)中第一法比色计法。

【测定原理】

将除气后的试样注入 EBC 比色计的比色皿，与标准 EBC 色盘比较，目视读取或自动数字显示出试样的色度，以色度单位 EBC 表示。

任务实施

【仪器用具准备】

啤酒色度测定仪器用具如图 5-6 所示。

EBC 比色计　　　　　分析天平(感量 0.001 g)　　　　　容量瓶(1 000 mL)

图 5-6　啤酒色度测定仪器用具

【试剂准备】

试剂及配制方法见表 5-10。

表 5-10　试剂及配制方法

试剂名称	配制方法
哈同(Hartong)基准溶液	称取重铬酸钾($K_2Cr_2O_7$)0.1 g(精确至 0.001 g)和亚硝酰铁氰化钠{$Na_2[Fe(CN)_5NO] \cdot 2 H_2O$}3.5 g(精确至 0.001 g),用水溶解并定容至 1 000 mL,储于棕色瓶中,于暗处放置 24 h 后使用

【样品检测】

1. 试样的制备

在保证样品有代表性,不损失或少损失酒精的前提下,用振摇、超声波或搅拌等方式除去酒样中的二氧化碳气体。

(1)第一法。将恒温至 15~20 ℃的酒样约 300 mL 倒入 1 000 mL 锥形瓶,盖塞(橡皮塞),在恒温室内,轻轻摇动、开塞放气(开始有"砰砰"声),盖塞。反复操作,直至无气体逸出为止。用单层中速干滤纸(漏斗上面盖表面玻璃)过滤。

(2)第二法。采用超声波或磁力搅拌法除气,将恒温至 15~20 ℃的酒样约 300 mL 移入带排气塞的瓶,置于超声波水槽中(或搅拌器上),超声(或搅拌)一定时间后,用单层中速干滤纸过滤(漏斗上面盖表面玻璃)。

注:要通过与第一法比对,使其酒精度测定结果相似,以确定超声(或搅拌)时间和温度。

2. 仪器校正

将哈同基准溶液注入 40 mm 比色皿,用比色计测定。其标准色度应为 15 EBC 单位;若使用 25 mm 比色皿,其标准色度为 9.4 EBC。仪器的校正应每月一次。

3. 测定

将试样注入 25 mm 比色皿,然后放到比色盒中,与标准色盘进行比较,当两者色调一致时直接读数。或使用自动数字显示比色计,自动显示、打印其结果。

【数据处理】

试样的色度按下式计算。如使用其他规格的比色皿,则需要换算成 25 mm 比色皿的数据,计算其结果。

$$S_1 = \frac{S_2}{H} \times 25$$

式中　S_1——试样的色度(EBC);

　　　S_2——实测色度(EBC);

　　　H——使用比色皿厚度(mm);

25——换算成标准比色皿的厚度(mm)。

测定浓色和黑色啤酒时，需要将酒样稀释至合适的倍数，然后将测定结果乘以稀释倍数。所得结果表示至一位小数。

【精密度】

在精密度条件下获得的两次独立测定值之差，色度为 2～10 EBC 时，不得大于 0.5 EBC；色度大于 10 EBC 时，稀释样平行测定值之差不得大于 1 EBC。

📠 **知识链接**

GB/T 4927—2008   GB/T 4928—2008

⌨ 检验报告单

检验报告单见表 5-11。

表 5-11   检验报告单

样品名称		样品状态	
检验项目		检验方法	
检验人		检验日期	
平行试验		1	2
色度/EBC			
色度平均值/EBC			
两次独立测定值之差/EBC			
精密度判断		□两次独立测定值之差≤0.5 EBC，符合精密度要求 □两次独立测定值之差＞0.5 EBC，不符合精密度要求	
检测结果		□啤酒色度为_____ □精密度不符合要求，应重新测定	
检测结论			

任务 6 啤酒浊度测定

啤酒的浊度是啤酒透明度的外观指标，是当光线照射啤酒时，其中造成混浊的颗粒对照射光线的反射效果。这种效果多数源于啤酒中的酵母细胞、蛋白质和多酚类物质(丹宁酸)，但细菌、外来物质，甚至是过多的澄清剂也会产生这种效果。

浊度用 EBC 值表示。

《啤酒》(GB/T 4927—2008)规定：优级淡色啤酒浊度≤0.9 EBC，一级淡色啤酒浊度≤1.2 EBC。

任务描述

市场监管部门对市场销售的啤酒进行抽检，检验员对其浊度进行测定，判断是否符合产品质量标准。

测定方法及测定原理

【测定方法】

《啤酒分析方法》(GB/T 4928—2008)规定的方法。

【测定原理】

利用富尔马肼(Formazin)标准浊度溶液校正浊度计，直接测定啤酒样品的浊度，以浊度单位 EBC 表示。

任务实施

【仪器用具准备】

啤酒浊度测定仪器用具如图 5-7 所示。

EBC 比色计　　　　　　　　分析天平(感量 0.001 g)　　　　容量瓶(100 mL、1 000 mL)

图 5-7 啤酒浊度测定仪器用具

具塞锥形瓶   移液管(25 mL)

图 5-7 啤酒浊度测定仪器用具(续)

【试剂准备】

试剂及配制方法见表 5-12。

表 5-12 试剂及配制方法

试剂名称	配制方法
硫酸肼溶液(10 g/L)	称取硫酸肼 1 g(精确至 0.001 g),加水溶解,并定容至 100 mL。静置 4 h 使其完全溶解
六次甲基四胺溶液(100 g/L)	称取六次甲基四胺 10 g(精确至 0.001 g),加水溶解,并定容至 100 mL
富尔马肼标准浊度储备液	吸取 25.0 mL 六次甲基四胺溶液于一个具塞锥形瓶中,边搅拌边用吸管加入 25.0 mL 硫酸肼溶液,摇匀,盖塞,于室温下放置 24 h 后使用。此溶液为 1 000 EBC 单位,在 2 个月内可保持稳定
富尔马肼标准浊度使用液	分别吸取标准浊度储备液 0 mL、0.20 mL、0.50 mL、1.00 mL 于 4 个 1 000 mL 容量瓶中,加重蒸水稀释至刻度,摇匀。该标准浊度使用液的浊度分别为 0 EBC、0.20 EBC、0.50 EBC、1.0 EBC。该溶液应当天配制与使用

【样品检测】

1. 试样制备

方法一:将恒温至 15~20 ℃的酒样约 300 mL 倒入 1 000 mL 锥形瓶,盖塞(橡皮塞),在恒温室内,轻轻摇动、开塞放气(开始有"砰砰"声),盖塞。反复操作,直至无气体逸出为止。

方法二:采用超声波或磁力搅拌法除气,将恒温至 15~20 ℃的酒样约 300 mL 移入带排气塞的瓶,置于超声波水槽中(或搅拌器上),超声(或搅拌)一定时间。

2. 浊度计校正

按照仪器使用说明书安装与调试,用标准浊度使用液校正浊度计。

3. 测定

将温度在(20±0.1)℃的试样倒入浊度计的标准杯，将其放入浊度计测定，直接读数(应在试样脱气后 5 min 内测定完毕)。

【数据处理】

所得结果表示至一位小数。

【精密度】

在精密度条件下获得的两次独立测定结果的绝对差值不得超过算术平均值的10％。

📟 知识链接

GB/T 4927—2008

GB/T 4928—2008

📖 检验报告单

检验报告单见表 5-13。

表 5-13　检验报告单

样品名称		样品状态	
检验项目		检验方法	
检验人		检验日期	
平行试验		1	2
浊度/EBC			
浊度平均值/EBC			
相对相差/%			
精密度判断		□相对相差≤10%，符合精密度要求 □相对相差>10%，不符合精密度要求	
检测结果		□啤酒浊度为_____ □精密度不符合要求，应重新测定	
检测结论			

任务 7　啤酒乙醇浓度的测定

啤酒是以麦芽、水为主要原料，加啤酒花（包括酒花制品），经酵母发酵酿制而成的，含有二氧化碳的、起泡的、低酒精度的发酵酒。测定啤酒酒精度可以判断啤酒是否合格，对不同酒精度口感差异进行检测评判，有助于更好地进行啤酒开发。酒精度是指温度在 20 ℃时酒中乙醇含量的体积百分数，以 100 mL 酒中含有乙醇（酒精）的毫升数表示，计量单位为％vol。当测定条件不是 20 ℃时，须进行换算。

《啤酒》(GB/T 4927—2008)规定的酒精度见表 5-14。

表 5-14　啤酒的酒精度

项目		优级	一级
酒精度/％vol	≥14.1 °P	5.2	
	12.1~14.0 °P	4.5	
	11.1~12.0 °P	4.1	
	10.1~11.0 °P	3.7	
	8.1~10.0 °P	3.3	
	≤8.0 °P	2.5	

任务描述

市场监管部门对市场销售的啤酒进行抽检，检验员对其酒精度进行测定，判断是否符合产品质量标准。

测定方法及测定原理

【测定方法】

《食品安全国家标准　酒和食用酒精中乙醇浓度的测定》(GB 5009.225—2023)中第一法密度瓶法适用于酒和食用酒精中乙醇浓度（酒精度）的测定。

【测定原理】

以蒸馏法去除样品中的不挥发性物质，用密度瓶法测出试样（酒精水溶液）20 ℃时的密度，通过查询酒精水溶液密度与乙醇浓度（酒精度）对照表，求得在 20 ℃时的乙醇浓度（酒精度）。

任务实施

【仪器用具准备】

啤酒乙醇浓度的测定仪器用具如图 5-8 所示。

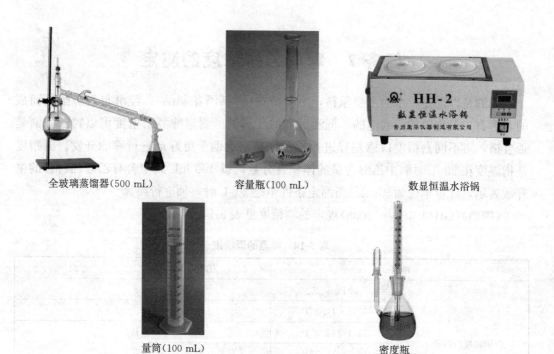

全玻璃蒸馏器(500 mL)　　　　容量瓶(100 mL)　　　　数显恒温水浴锅

量筒(100 mL)　　　　密度瓶

图 5-8　啤酒乙醇浓度的测定仪器用具

【样品检测】

1. 试样制备

在保证样品有代表性，不损失或少损失酒精的前提下，用振摇、超声波或搅拌等方式除去酒样中的二氧化碳气体。样品去除二氧化碳有以下两种方法。

第一法：将恒温至 15～20 ℃的酒样约 300 mL 倒入 1 000 mL 锥形瓶，加橡皮塞，轻轻摇动，开塞放气(开始有"砰砰"声)，盖塞。反复操作，直至无气体逸出为止。用单层中速干滤纸(漏斗上面盖表面玻璃)过滤。

第二法：采用超声波或磁力搅拌法除气，将恒温至 15～20 ℃的酒样约 300 mL 移入带排气塞的瓶，置于超声波水槽中(或搅拌器上)，超声(或搅拌)一定时间后，用单层中速干滤纸过滤(漏斗上面盖表面玻璃)。

注：要通过与第一法比对，使其酒精度测定结果相似，以确定超声(或搅拌)时间和温度。

试样去除二氧化碳后，收集于具塞锥形瓶中，温度保持为 15～20 ℃，密封保存，限制在 2 h 内使用。

2. 样品蒸馏

用一洁净、干燥的 100 mL 容量瓶，准确量取样品(液体温度为 20 ℃)100 mL 于 500 mL 蒸馏瓶中，用 50 mL 水分三次冲洗容量瓶，洗液并入 500 mL 蒸馏瓶中，加几颗沸石(或玻璃珠)，连接蛇形冷凝管，以取样用的原容量瓶作为接收器(外加冰浴)，开启冷却水(冷却水温度宜低于 15 ℃)，缓慢加热蒸馏，收集馏出液。当接近刻度时，取下容量瓶，盖塞，于 20 ℃水浴中保温 30 min，再补加水至刻度，混匀，备用。

3. 试样溶液的测定

(1)将密度瓶洗净并干燥，带温度计和侧孔罩称量。重复干燥和称重，直至恒重(m)。

(2)取下带温度计的瓶塞，将煮沸冷却至 15 ℃的水注满已恒重的密度瓶中，插上带温度计的瓶塞(瓶中不得有气泡)，立即浸入(20.0 ± 0.1)℃的恒温水浴中，待内容物温度达 20 ℃并保持 20 min 不变后，用滤纸快速吸去溢出侧管的液体，使侧管的液面和侧管管口齐平，立即盖好侧孔罩，取出密度瓶，用滤纸擦干瓶外壁上的水液，立即称量(m_1)。

(3)将水倒出，先用无水乙醇，再用乙醚冲洗密度瓶，吹干(或于烘箱中烘干)，用试样馏出液反复冲洗密度瓶 3~5 次，然后装满，插上带温度计的瓶塞(瓶中不得有气泡)，立即浸入(20.0 ± 0.1)℃的恒温水浴中，待内容物温度达 20 ℃并保持 20 min 不变后，用滤纸快速吸去溢出侧管的液体，使侧管的液面和侧管管口齐平，立即盖好侧孔罩，取出密度瓶，用滤纸擦干瓶外壁上的液体，立即称量(m_2)。

【数据处理】

样品在 20 ℃的密度 ρ_{20} 按式(5-1)计算，空气浮力校正值(A)按式(5-2)计算：

$$\rho_{20}=\rho_0\times\frac{m_2-m+A}{m_1-m+A} \tag{5-1}$$

$$A=\rho_u\times\frac{m_1-m}{997.0} \tag{5-2}$$

式中　ρ_{20}——样品在 20 ℃时的密度(g/L)；

ρ_0——20 ℃时蒸馏水的密度(998.20 g/L)；

m_2——20 ℃时密度瓶和试样的质量(g)；

m——密度瓶的质量(g)；

A——空气浮力校正值；

m_1——20 ℃时密度瓶与水的质量(g)；

ρ_u——干燥空气在 20 ℃、1 013.25 hPa 时的密度(≈1.2 g/L)；

997.0——在 20 ℃时蒸馏水与干燥空气密度值之差(g/L)。

根据试样的密度 ρ_{20}，查《啤酒分析方法》(GB/T 4928—2008)附录 A(节选见表 5-15)，求得酒精度，以体积分数"%vol"表示。

表 5-15　酒精水溶液的相对密度与酒精度(乙醇含量)对照表(20 ℃)

相对密度	酒精度/%vol	酒精度/[g·(100 mL)$^{-1}$]	酒精度/%mass
0.994 41	3.84	3.03	3.05
0.994 33	3.90	3.08	3.10
0.994 27	3.94	3.11	3.13
0.992 55	5.20	4.10	4.14
0.992 47	5.26	4.15	4.19
0.992 36	5.34	4.21	4.25

以精密度条件下获得的两次独立测定结果的算术平均值表示，结果保留至小数点后一位。

【精密度】

在精密度条件下获得的两次独立测定结果的绝对差值不得超过 0.1%vol。

📖知识链接

GB/T 4927—2008　　　　GB 5009.225—2023

📠检验报告单

检验报告单见表 5-16。

表 5-16　检验报告单

样品名称		样品状态	
检验项目		检验方法	
检验人		检验日期	
平行试验		1	2
密度瓶的质量/g			
密度瓶和试样的质量/g			
密度瓶与水的质量/g			
样品的密度/$(g \cdot L^{-1})$			
酒精度(查表换算)/%vol			
酒精度平均值/%vol			
两次独立测定结果的差值/%vol			
精密度判断		□两次独立测定结果的绝对差值不超过 0.1 %vol，符合精密度要求 □两次独立测定结果的绝对差值超过 0.1 %vol，不符合精密度要求	
检测结果		□啤酒酒精度为＿＿＿＿＿＿＿ □精密度不符合要求，应重新测定	
检测结论			

任务8 啤酒原麦汁浓度测定

原麦汁是针对啤酒而言的，成品啤酒发酵前的麦汁叫作"原麦汁"。原麦汁浓度是衡量啤酒营养和口感的一个较重要的指标，会直接影响啤酒的口感和品质。一般来说，原麦汁浓度高的啤酒，颜色深，苦味重，也更有麦香；相反，原麦汁浓度低的啤酒要清淡一些。

原麦汁浓度的国际通用表示单位是柏拉图度(Plato)，符号为°P，即表示100 g麦芽汁中含有浸出物的克数。

《啤酒》(GB/T 4927—2008)规定：标签上标注的原麦汁浓度≥10.0 °P时，允许的负偏差为"−0.3"；原麦汁浓度<10.0 °P时，允许的负偏差为"−0.2"。

📋 任务描述

市场监管部门对市场销售的啤酒进行抽检，检验员对其原麦汁浓度进行测定，判断是否符合产品质量标准。

📋 测定方法及测定原理

【测定方法】

《啤酒分析方法》(GB/T 4928—2008)中第一法密度瓶法。

【测定原理】

以密度瓶法测出啤酒试样中的真正浓度和酒精度，按经验公式计算出啤酒试样的原麦汁浓度。

📋 任务实施

【仪器用具准备】

啤酒原麦汁浓度测定仪器用具如图5-9所示。

全玻璃蒸馏器(500 mL)

容量瓶(100 mL)

数显恒温水浴锅

图5-9 啤酒原麦汁浓度测定仪器用具

量筒(100 mL)

密度瓶

图 5-9 啤酒原麦汁浓度测定仪器用具(续)

【样品检测】

1. 酒精度的测定

见"任务 7 啤酒乙醇浓度的测定"。

2. 真正浓度的测定

(1)试样的制备。将恒温至 15～20 ℃的酒样约 300 mL 倒入 1 000 mL 锥形瓶,加橡皮塞,轻轻摇动、开塞放气(开始有"砰砰"声),盖塞。反复操作,直至无气体逸出为止。用单层中速干滤纸(漏斗上面盖表面玻璃)过滤。

用已知质量的蒸发皿称取制备好的试样 100.0 g(精确至 0.1 g),于沸水浴上蒸发,直至原体积的三分之一,取下冷却至 20 ℃,加水恢复至原质量,混匀。

(2)测定。用密度瓶或密度计测定出残液的相对密度。查表 5-17,求得 100 g 试样中浸出物的克数[g/(100 g)],即为啤酒的真正浓度,以柏拉图度或质量分数(°P 或%)表示。

表 5-17 糖溶液的相对密度和啤酒原麦汁浓度(20 ℃)

相对密度	原麦汁浓度(°P)	相对密度	原麦汁浓度(°P)
1.041 25	10.295	1.044 65	11.112
1.041 30	10.307	1.044 70	11.123
1.041 35	10.319	1.044 75	11.135

【数据处理】

根据测得的酒精度和真正浓度,按下式计算原麦汁浓度:

$$X = \frac{(A \times 2.066\ 5 + E) \times 100}{100 + A \times 1.066\ 5}$$

式中 X——试样的原麦汁浓度(°P 或%);

A——试样的酒精度质量分数(%);

E——试样的真正浓度质量分数(%)。

或者查《啤酒分析方法》(GB/T 4928—2008)附录 B 中的表 B.2(节选见表 5-18),按下式计算试样的原麦汁浓度：

$$X = 2A + E - b$$

式中　X——试样的原麦汁浓度（°P 或％）；

　　　A——试样的酒精度质量分数（％）；

　　　E——试样的真正浓度质量分数（％）；

　　　b——校正系数。

表 5-18　计算原麦汁浓度经验公式校正表

原麦汁浓度 2A+E	酒精度/％mass								
	2.8	3.0	3.2	3.4	3.6	3.8	4.0	4.2	4.4
8	0.05	0.06	0.06	0.06	0.07	—	—	—	—
9	0.08	0.09	0.09	0.10	0.10	0.11	0.11	—	—
10	0.11	0.12	0.12	0.13	0.14	0.15	0.15	0.16	0.17
11	0.14	0.15	0.16	0.17	0.18	0.19	0.20	0.20	0.21
12	0.17	0.18	0.19	0.20	0.21	0.22	0.23	0.25	0.26
13	0.20	0.21	0.22	0.24	0.25	0.26	0.28	0.29	0.30

所得结果表示至一位小数。

【精密度】

在精密度条件下获得的两次独立测定结果的绝对差值不得超过算术平均值的 1％。

知识链接

GB/T 4927—2008

GB/T 4928—2008

📇检验报告单

检验报告单见表 5-19。

表 5-19 检验报告单

样品名称		样品状态		
检验项目		检验方法		
检验人		检验日期		
平行试验		1		2
试样的酒精度质量分数/%				
试样的真正浓度质量分数/%				
试样的原麦汁浓度/%				
原麦汁浓度平均值/(mg·L^{-1})				
相对相差/%				
精密度判断		□相对相差≤1%，符合精密度要求 □相对相差>1%，不符合精密度要求		
检测结果		□原麦汁浓度为_____ □精密度不符合要求，应重新测定		
检测结论				

任务 9　啤酒双乙酰测定

双乙酰学名为 2,3-丁二酮，是啤酒发酵过程中酵母自身代谢产生的一种副产物，是影响啤酒风味的重要物质，同时也是啤酒成熟的限制性指标，它具有挥发性和强烈的刺激性。当双乙酰的含量在浅色啤酒中超过 0.15 mg/L 时，就会使啤酒产生一种令人不愉快的馊饭味，严重影响啤酒的质量和口感。

《啤酒》(GB/T 4927—2008)规定：优级淡色啤酒双乙酰≤0.10 mg/L，一级淡色啤酒双乙酰≤0.15 mg/L。

🧰 任务描述

市场监管部门对市场销售的啤酒进行抽检，检验员对其双乙酰含量进行测定，判断是否符合产品质量标准。

🧰 测定方法及测定原理

【测定方法】

《啤酒分析方法》(GB/T 4928—2008)规定的方法。

【测定原理】

用蒸汽将双乙酰蒸馏出来，与邻苯二胺反应，生成 2,3-二甲基喹喔啉，在波长 335 nm 下测其吸光度。由于其他联二酮类都具有相同的反应特性，另外蒸馏过程中部分前驱体要转化成联二酮，因此上述测定结果为总联二酮含量(以双乙酰表示)。

🧰 任务实施

【仪器用具准备】

啤酒双乙酰测定仪器用具如图 5-10 所示。

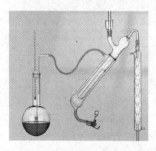
双乙酰蒸馏器

紫外分光光度计

容量瓶(10 mL、25 mL)

图 5-10　啤酒双乙酰测定仪器用具

分析天平(感量 0.001 g)

量筒(100 mL)

移液管(0.5 mL、2 mL)

图 5-10　啤酒双乙酰测定仪器用具(续)

【试剂准备】

试剂及配制方法见表 5-20。

表 5-20　试剂及配制方法

试剂名称	配制方法
盐酸溶液(4 mol/L)	按《化学试剂　标准滴定溶液的制备》(GB/T 601—2016)配制
邻苯二胺溶液(10 g/L)	称取邻苯二胺 0.100 g,用盐酸溶液(4 mol/L)溶解,并定容至 10 mL,摇匀,放于暗处。此溶液须当天配制与使用;若配制出来的溶液呈红色,应重新更换
有机硅消泡剂(或甘油聚醚)	—

【样品检测】

1. 蒸馏

将双乙酰蒸馏器安装好,加热蒸汽发生瓶至沸。通汽预热后,置 25 mL 容量瓶于冷凝器出口接收馏出液(外加冰浴),加 1~2 滴消泡剂于 100 mL 量筒中,再注入未经除气的预先冷至 5 ℃ 的酒样 100 mL,迅速转移至蒸馏器内,并用少量水冲洗带塞漏斗,盖塞。然后用水密封,进行蒸馏,直至馏出液接近 25 mL(蒸馏需在 3 min 内完成)时取下容量瓶,达到室温后用重蒸水定容,摇匀。

2. 显色与测量

分别吸取馏出液 10.0 mL 于两支干燥的比色管中,并于第一支管中加入邻苯二胺溶液 0.50 mL,第二支管中不加(做空白),充分摇匀后,同时置于暗处放置 20~30 min,然后于第一支管中加入 2 mL 盐酸溶液,于第二支管中加入 2.5 mL 盐酸溶液,混匀后,用 20 mm 石英比色皿(或 10 mm 石英比色皿),于波长 335 nm 下,以空白作参比,测定其吸光度(比色测定操作须在 20 min 内完成)。

【数据处理】

试样中双乙酰含量按下式计算:

$$X = A_{335} \times 1.2$$

式中 X——试样的双乙酰含量(mg/L);

A_{335}——试样在波长 335 nm 下，用 20 mm 石英比色皿测得的吸光度;

1.2——用 20 mm 石英比色皿时，吸光度与双乙酰含量的换算系数。

注：如用 10 mm 石英比色皿，吸光度与双乙酰含量的换算系数为 2.4。

所得结果表示至两位小数。

【精密度】

在精密度条件下获得的两次独立测定结果的绝对差值不得超过算术平均值的10%。

📇知识链接

GB/T 4927—2008   GB/T 4928—2008

⌨ 检验报告单

检验报告单见表 5-21。

表 5-21　检验报告单

样品名称		样品状态	
检验项目		检验方法	
检验人		检验日期	
平行试验		1	2
双乙酰含量/(mg · L^{-1})			
双乙酰含量平均值/(mg · L^{-1})			
相对相差/%			
精密度判断		□相对相差≤10％，符合精密度要求 □相对相差＞10％，不符合精密度要求	
检测结果		□双乙酰含量为＿＿＿＿＿＿＿ □精密度不符合要求，应重新测定	
检测结论			

酒鬼酒，一直以酝酿湘西千年文化、传承湘西古老秘方自居，号称无上妙品的酒鬼酒已经跻身高端白酒行列。不过，2012年11月19日，酒鬼酒被检出塑化剂超标2.6倍。

"21世纪网"在酒鬼酒实际控制人中糖集团的子公司北京中糖酒类有限公司购买了438元/瓶的酒鬼酒，并送上海天祥质量技术服务有限公司进行检测。检测报告显示，酒鬼酒中共检测出3种塑化剂成分，分别为邻苯二甲酸二(2-乙基)己酯(DEHP)、邻苯二甲酸二异丁酯(DIBP)和邻苯二甲酸二丁酯(DBP)，其中酒鬼酒中邻苯二甲酸二丁酯(DBP)的含量为1.08 mg/kg，超过规定的最大残留量。

塑化剂，也称增塑剂，是一种用于增加塑料、塑胶等材质的柔韧性或柔软性的添加剂。我国的国家标准中有一个关于食品接触材料的名单，名单不仅规定了哪些东西可以用作食品接触材料的增塑剂，还规定了允许使用的范围和用料。其添加对象包含塑胶、混凝土、水泥与石膏等。塑化剂种类多达百余种，但使用得最普遍的即是称为邻苯二甲酸酯类的化合物。

白酒中含有塑化剂成分，有三种可能性：一是生产用具、生产设施对食品产生污染，如塑料接酒桶、塑料输酒管、酒泵进出乳胶管、封酒缸塑料布、成品酒塑料内盖、成品酒塑料袋包装、成品酒塑料瓶包装、成品酒塑料桶包装等，尤其是劣质塑料输送管道可能对酒质量污染更大；二是企业生产时添加的某些食品添加剂中本身带有塑化剂，因此可能残留在酒内；三是不良商家为增加劣质酒品质恶意为之，塑化剂在酒中的作用是增加黏稠口感、实现老酒的挂杯效果，提高酒的档次。因为在很多喝酒人眼中，挂杯状态的好坏代表了白酒的好坏。另外，添加塑化剂还可以保持酒香，添加到白酒中，可以对酒中添加的香料及酒香起稳定作用。

长期饮用塑化剂白酒，会危害生殖系统、损伤肝脏并可能引发癌症，台湾大学食品科技研究所教授孙璐西此前接受媒体采访时表示，塑化剂毒性比三聚氰胺高20倍。长期食用塑化剂超标的食品，会损害男性生殖能力，促使女性性早熟，以及对免疫系统和消化系统造成伤害，甚至会毒害人类基因。

项目6　调味品检验

 **学习目标**

知识目标

掌握食品酸度、氨基酸态氮、味精纯度、花椒水分、二氧化硫、亚铁氰化钾的测定原理、操作步骤及数据处理方法。

能力目标

能够采用酸碱指示剂滴定法、酸度计法、旋光法、蒸馏法、酸碱滴定法、硫酸亚铁法独立进行食品酸度、氨基酸态氮、味精纯度、花椒水分、二氧化硫、亚铁氰化钾的测定工作。

素质目标

1. 培养科学严谨的探索精神和实事求是、独立思考的工作态度；
2. 培养求真务实、勇于实践的工匠精神和创新精神；
3. 养成严格遵守安全操作规程的安全意识。

任务1　食醋总酸的测定

食醋是单独或混合使用各种含有淀粉、糖的物料、食用酒精，经微生物发酵酿制而成的液体酸性调味品。食醋在发酵过程中产生醋酸的量，是食醋主要质量指标之一。对酿造醋来说，酸度越高说明发酵程度越高，食醋的酸味也就越浓，质量也就越好，滋味柔和，回味绵长。

《食品安全国家标准　食醋》(GB 2719—2018)规定：总酸(以乙酸计)≥3.5 g/(100 mL)。

📦 任务描述

市场监管部门对市场销售的食醋进行抽检，检验员对其总酸含量进行测定，判断是否符合产品质量标准。

📦 测定方法及测定原理

【测定方法】

《食品安全国家标准　食品中总酸的测定》(GB 12456—2021)中第一法酸碱指示剂

滴定法适用于果蔬制品、饮料（澄清透明类）、白酒、米酒、白葡萄酒、啤酒和白醋中总酸的测定。

【测定原理】

根据酸碱中和原理，用碱液滴定试液中的酸，以酚酞为指示剂确定滴定终点。按碱液的消耗量计算食品中的总酸含量。

任务实施

【仪器用具准备】

食醋总酸的测定仪器用具如图 6-1 所示。

容量瓶(250 mL)

移液管(25 mL、50 mL)

滴定管

图 6-1 食醋总酸的测定仪器用具

【试剂准备】

试剂及配制方法见表 6-1。

表 6-1 试剂及配制方法

试剂名称	配制方法
无二氧化碳的水	将水煮沸 15 min 以逐出二氧化碳，冷却，密闭
酚酞指示液(10 g/L)	称取 1 g 酚酞，溶于乙醇(95%)，用乙醇(95%)稀释至 100 mL
氢氧化钠标准滴定溶液(0.1 mol/L)	按照《食品卫生检验方法　理化部分　总则》(GB/T 5009.1—2003)的要求配制和标定

【样品检测】

1. 试样制备

吸取 25.0 mL 试样至 250 mL 容量瓶中，用无二氧化碳的水定容至刻度，摇匀。用快速滤纸过滤，收集滤液，用于测定。

2. 测定

吸取 50 mL 试液，置于 250 mL 三角瓶中，加入 2～4 滴(10 g/L)酚酞指示液，用

0.1 mol/L 氢氧化钠标准滴定溶液滴定至微红色 30 s 不褪色。记录消耗 0.1 mol/L 氢氧化钠标准滴定溶液的体积数值。

3. 空白试验

用同体积无二氧化碳的水代替试液做空白试验，记录消耗氢氧化钠标准滴定溶液的体积数值。

【数据处理】

试样中总酸的含量按下式计算：

$$X = \frac{[c \times (V_1 - V_2)] \times k \times F}{m} \times 1\,000$$

式中　X——试样中总酸的含量（g/kg 或 g/L）；

　　　c——氢氧化钠标准滴定溶液的浓度（mol/L）；

　　　V_1——滴定试样时消耗氢氧化钠标准滴定溶液的体积（mL）；

　　　V_2——空白试验时消耗氢氧化钠标准滴定溶液的体积（mL）；

　　　k——酸的换算系数，乙酸为 0.060；

　　　F——试液的稀释倍数；

　　　m——试样的质量（g），或吸取试样的体积（mL）；

　　　1 000——换算系数。

计算结果以精密度条件下获得的两次独立测定结果的算术平均值表示，结果保留到小数点后两位。

【精密度】

在精密度条件下获得的两次独立测定结果的绝对差值不得超过算术平均值的 10%。

📖 知识链接

GB 2719—2018　　　　　GB 12456—2021

检验报告单

检验报告单见表 6-2。

表 6-2　检验报告单

样品名称		样品状态		
检验项目		检验方法		
检验人		检验日期		
平行试验			1	2
试样体积/mL				
氢氧化钠标准滴定溶液的浓度/(mol·L^{-1})				
试样消耗氢氧化钠标准滴定溶液的体积/mL				
空白试验消耗硫代硫酸钠标准滴定溶液的体积/mL				
总酸/(g·L^{-1})				
总酸平均值/(g·L^{-1})				
相对相差/%				
精密度判断		□相对相差≤10%，符合精密度要求 □相对相差>10%，不符合精密度要求		
检测结果		□总酸含量为＿＿＿＿＿＿＿＿ □精密度不符合要求，应重新测定		
检测结论				

任务2 酱油氨基酸态氮测定

氨基酸态氮指的是以氨基酸形式存在的氮元素的含量。氨基酸态氮指标越高，说明酱油中的氨基酸含量越高，鲜味越好。

《酿造酱油》(GB/T 18186—2000)规定：特级酱油氨基酸态氮≥0.80 g/(100 mL)、一级酱油氨基酸态氮≥0.70 g/(100 mL)、二级酱油氨基酸态氮≥0.55 g/(100 mL)、三级酱油氨基酸态氮≥0.40 g/(100 mL)。

任务描述

市场监管部门对市场销售的酱油进行抽检，检验员对其氨基酸态氮含量进行测定，判断是否符合产品质量标准。

测定方法及测定原理

【测定方法】

《食品安全国家标准 食品中氨基酸态氮的测定》(GB 5009.235—2016)中第一法酸度计法适用于以粮食和其副产品豆饼、麸皮等为原料酿造或配制的酱油，以粮食为原料酿造的酱类，以黄豆、小麦粉为原料酿造的豆酱类食品中氨基酸态氮的测定。

【测定原理】

利用氨基酸的两性作用，加入甲醛以固定氨基的碱性，使羧基显示出酸性，用氢氧化钠标准溶液滴定后定量，以酸度计测定终点。

任务实施

【仪器用具准备】

酱油氨基酸态氮测定仪器用具如图6-2所示。

分析天平(感量0.1 mg)　　移液管(5 mL、10 mL、20 mL)　　容量瓶(100 mL)

图6-2 酱油氨基酸态氮测定仪器用具

| 酸度计 | 磁力搅拌器 | 滴定管(10 mL) |

图 6-2　酱油氨基酸态氮测定仪器用具(续)

【试剂准备】

试剂及配制方法见表 6-3。

表 6-3　试剂及配制方法

试剂名称	配制方法
甲醛溶液(36%)	市售商品试剂，直接使用
氢氧化钠标准滴定溶液(0.05 mol/L)	按《化学试剂　标准滴定溶液的制备》GB/T 601—2016 的要求配制和标定

【样品检测】

吸取 5.00 mL 试样于 100 mL 容量瓶中，加水定容至 100 mL，混匀。

吸取 20.0 mL 试样稀释液，置于 200 mL 烧杯中，加 60 mL 蒸馏水，开动磁力搅拌器，用 0.050 mol/L 氢氧化钠标准溶液滴定至酸度计指示 pH 为 8.2，记下消耗氢氧化钠标准滴定溶液的毫升数，可计算总酸含量。

向上述溶液中准确加入 10.00 mL 甲醛溶液，混匀，再用氢氧化钠标准溶液继续滴定至 pH 为 9.2，记录消耗氢氧化钠标准滴定溶液的毫升数，供计算氨基酸态氮含量使用。

同时量取 80 mL 水，先用 0.050 mol/L 氢氧化钠溶液调节至 pH 为 8.2，记下消耗氢氧化钠标准溶液的毫升数；再加入 10.00 mL 甲醛溶液，用氢氧化钠标准溶液滴定至 pH 为 9.2，记下消耗氢氧化钠标准溶液的毫升数。

【数据处理】

试样中氨基酸态氮含量按下式计算：

$$X = \frac{c \times (V_1 - V_2) \times 0.014}{V \times V_3 / V_4} \times 100$$

式中　X——试样中氨基酸态氮的含量[g/(100 mL)]；

　　　V_1——测定用的试样稀释液在加入甲醛后消耗氢氧化钠标准溶液的体积(mL)；

　　　V_2——空白试验加入甲醛后滴定至终点所消耗氢氧化钠标准溶液的体积(mL)；

　　　V_3——试样稀释液的取用量(mL)；

　　　V_4——试样稀释液的定容体积(mL)；

c——氢氧化钠标准溶液的浓度(mol/L)；

V——试样体积(mL)。

计算结果保留两位有效数字。

【精密度】

在精密度条件下获得的两次独立测定结果的绝对差值不得超过算术平均值的10%。

知识链接

GB/T 18186—2000

GB 5009.235—2016

📇 检验报告单

检验报告单见表 6-4。

表 6-4　检验报告单

样品名称		样品状态	
检验项目		检验方法	
检验人		检验日期	
平行试验		1	2
试样体积/mL			
氢氧化钠标准滴定溶液的浓度/(mol·L^{-1})			
试样消耗氢氧化钠标准滴定溶液的体积/mL			
空白试验消耗氢氧化钠标准滴定溶液的体积/mL			
氨基酸态氮含量/[g·(100 mL)$^{-1}$]			
氨基酸态氮含量平均值/[g·(100 mL)$^{-1}$]			
相对相差/%			
精密度判断		□相对相差≤10%，符合精密度要求 □相对相差＞10%，不符合精密度要求	
检测结果		□氨基酸态氮含量为＿＿＿＿＿＿＿＿＿ □精密度不符合要求，应重新测定	
检测结论			

任务 3　味精纯度的测定

味精的化学成分为谷氨酸钠，是一种鲜味调味料，易溶于水，其水溶液有浓厚鲜味。与食盐共存时，其味更鲜。味精有缓和碱、酸、苦味的作用。谷氨酸钠在人体内参与蛋白质正常代谢，促进氧化过程，对脑神经和肝脏有一定的保健作用。

《食品安全国家标准　味精》(GB 2720—2015)规定：以干基计，味精谷氨酸钠≥99.0%、加盐味精谷氨酸钠≥80%、增鲜味精谷氨酸钠≥97.0%。

🧰 任务描述

市场监管部门对市场销售的味精进行抽检，检验员对其纯度进行测定，判断是否符合产品质量标准。

🧰 测定方法及测定原理

【测定方法】

《食品安全国家标准　味精中谷氨酸钠的测定》(GB 5009.43—2023)中第二法旋光法适用于味精中谷氨酸钠的测定。

【测定原理】

谷氨酸钠分子结构中含有一个不对称碳原子，具有光学活性，能使偏振光面旋转一定角度，因此可用旋光仪测定旋光度，根据旋光度换算谷氨酸钠的含量。

🧰 任务实施

【仪器用具准备】

味精纯度的测定仪器用具如图 6-3 所示。

分析天平(感量 0.1 mg)

容量瓶(100 mL)

旋光仪

图 6-3　味精纯度的测定仪器用具

【试剂准备】

试剂及配制方法见表 6-5。

表 6-5　试剂及配制方法

试剂名称	配制方法
盐酸	市售商品试剂，直接使用

【样品检测】

1. 试样制备

称取试样 10 g（精确至 0.000 1 g），加少量水溶解并转移至 100 mL 容量瓶中，加盐酸 20 mL，混匀并冷却至 20 ℃，定容并摇匀。

2. 试样溶液的测定

于 20 ℃，用标准旋光角校正仪器，将试液置于旋光管中（不得有气泡），观测其旋光度，同时记录旋光管中试液的温度。

【数据处理】

样品中谷氨酸钠含量按下式计算：

$$X = \frac{\dfrac{\alpha}{L \times c}}{25.16 + 0.047 \times (20 - t)} \times 100$$

式中　X——样品中谷氨酸钠含量（含 1 分子结晶水）[g/(100 g)]；

α——实测试液的旋光度（°）；

L——旋光管长度（液层厚度）（dm）；

c——1 mL 试液中含谷氨酸钠的质量（g/mL）；

25.16——谷氨酸钠的比旋光度（°）；

t——测定试液的温度（℃）；

0.047——温度校正系数；

100——换算系数。

以精密度条件下获得的两次独立测定结果的算术平均值表示，结果保留三位有效数字。

【精密度】

在精密度条件下获得的两次独立测定结果的绝对差值不得超过 0.5 g/(100 g)。

⌨ **知识链接**

GB 2720—2015　　　　　　　　GB 5009.43—2023

检验报告单

检验报告单见表 6-6。

表 6-6 检验报告单

样品名称		样品状态	
检验项目		检验方法	
检验人		检验日期	
平行试验		1	2
1 mL 试液中含谷氨酸钠的质量/[g·(mL)$^{-1}$]			
试液的旋光度/(°)			
试液的温度/℃			
旋光管长度/dm			
谷氨酸钠含量/[g·(100 g)$^{-1}$]			
谷氨酸钠含量平均值/[g·(100 g)$^{-1}$]			
两次测定结果的差值/[g·(100 g)$^{-1}$]			
精密度判断		□两次测定结果的差值≤0.5 g/(100 g)，符合精密度要求 □两次测定结果的差值＞0.5 g/(100 g)，不符合精密度要求	
检测结果		□谷氨酸钠含量为_____ □精密度不符合要求，应重新测定	
检测结论			

任务4　花椒水分的测定

水分是衡量花椒质量指标之一，主要影响花椒的安全储存。水分含量超标，就会引发花椒发霉，产生大量的致癌物质及毒素，具有非常大的毒性。

《花椒》(GB/T 30391—2013)规定：一级干花椒水分≤9.5%，二级干花椒水分≤10.5%。

🧰 任务描述

市场监管部门对市场销售的干花椒进行抽检，检验员对其水分进行测定，判断是否符合产品质量标准。

🧰 测定方法及测定原理

【测定方法】

《食品安全国家标准　食品中水分的测定》(GB 5009.3—2016)中第三法蒸馏法适用于含水较多又有较多挥发性成分的水果、香辛料及调味品、肉与肉制品等食品中水分的测定，不适用于水分含量小于 1 g/(100 g)的样品。

【测定原理】

利用食品中水分的物理化学性质，使用水分测定器将食品中的水分与甲苯或二甲苯共同蒸出，根据接收的水的体积计算出试样中水分的含量。

🧰 任务实施

【仪器用具准备】

花椒水分的测定仪器用具如图 6-4 所示。

分析天平(感量 0.1 mg)

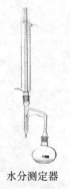
水分测定器

电热套

图 6-4　花椒水分的测定仪器用具

【试剂准备】

试剂及配制方法见表 6-7。

表 6-7　试剂及配制方法

试剂名称	制备方法
甲苯或二甲苯	取甲苯或二甲苯，先以水饱和后，分去水层，进行蒸馏，收集馏出液备用

【样品检测】

准确称取适量试样(应使最终蒸出的水为 2～5 mL，但最多取样量不得超过蒸馏瓶的 2/3)，放入 250 mL 蒸馏瓶，加入新蒸馏的甲苯(或二甲苯)75 mL，连接冷凝管与水分接收管，从冷凝管顶端注入甲苯，装满水分接收管。同时做甲苯(或二甲苯)的试剂空白。

加热慢慢蒸馏，使每秒钟的馏出液为 2 滴，待大部分水分蒸出后，加速蒸馏约每秒钟 4 滴，当水分全部蒸出后，接收管内的水分体积不再增加时，从冷凝管顶端加入甲苯冲洗。如冷凝管壁附有水滴，可用附有小橡皮头的铜丝擦下，再蒸馏片刻至接收管上部及冷凝管壁无水滴附着，接收管水平面保持 10 min 不变为蒸馏终点，读取接收管水层的容积。

【数据处理】

试样中水分含量按下式计算：

$$X = \frac{V - V_0}{m} \times 100$$

式中　X——试样中水分含量[mL/(100 g)](或按水在 20 ℃的相对密度 0.998 20 g/mL 计算质量)；

　　　V——接收管内水的体积(mL)；

　　　V_0——做试剂空白时，接收管内水的体积(mL)；

　　　m——试样的质量(g)。

以精密度条件下获得的两次独立测定结果的算术平均值表示，结果保留三位有效数字。

【精密度】

在精密度条件下获得的两次独立测定结果的绝对差值不得超过算术平均值的 10%。

知识链接

GB/T 30391—2013

GB 5009.3—2016

⌨ 检验报告单

检验报告单见表 6-8。

表 6-8 检验报告单

样品名称		样品状态	
检验项目		检验方法	
检验人		检验日期	
平行试验		1	2
试样质量/g			
接收管内水的体积/mL			
试剂空白接收管内水的体积/mL			
试样中水分含量/[g·(100 g)⁻¹]			
水分含量平均值/[g·(100 g)⁻¹]			
相对相差/%			
精密度判断	□相对相差≤10%，符合精密度要求 □相对相差>10%，不符合精密度要求		
检测结果	□花椒水分含量为＿＿＿＿＿＿＿＿ □精密度不符合要求，应重新测定		
检测结论			

任务 5　白糖中二氧化硫的测定

二氧化硫是一种食品添加剂，通常情况下以焦亚硫酸钾、焦亚硫酸钠、亚硫酸钠、亚硫酸氢钠、低亚硫酸钠等亚硫酸盐的方法添加于食物中，或选用硫黄熏蒸的方法来处理食物，起护色、防腐、漂白和抗氧化作用。

少量二氧化硫进入人体内后最终生成硫酸盐，可通过正常解毒后由尿液排出体外，不会产生毒性，摄入过量会对人体造成不可逆的伤害，如引起流泪、咳嗽、气喘、呼吸困难等。此外，二氧化硫还可以与体内的其他化学物质相互作用，引发慢性疾病（如慢性支气管炎、肺癌等）。

《食品安全国家标准　食品添加剂使用标准》（GB 2760—2014）规定：食糖（如白砂糖、绵白糖、冰糖、方糖等）最大使用量为 0.1 g/kg（最大使用量以二氧化硫残留量计）。

任务描述

市场监管部门对市场销售的白糖进行抽检，检验员对其二氧化硫含量进行测定，判断是否符合产品质量标准。

测定方法及测定原理

【测定方法】

《食品安全国家标准 食品中二氧化硫的测定》（GB 5009.34—2022）中第一法酸碱滴定法适用于食品中二氧化硫的测定。

【测定原理】

采用充氮蒸馏法处理试样，试样酸化后在加热条件下亚硫酸盐等系列物质释放二氧化硫，用过氧化氢溶液吸收蒸馏物，二氧化硫溶于吸收液被氧化生成硫酸，采用氢氧化钠标准溶液滴定，根据氢氧化钠标准溶液消耗量计算试样中二氧化硫的含量。

任务实施

【仪器用具准备】

白糖中二氧化硫的测定仪器用具如图 6-5 所示。

电子天平(感量 0.01 g)

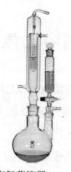
玻璃充氮蒸馏器(1 000 mL)

微量滴定管(10 mL)

图 6-5　白糖中二氧化硫的测定仪器用具

【试剂准备】

试剂及配制方法见表 6-9。

表 6-9　试剂及配制方法

试剂名称	配制方法
过氧化氢溶液(3%)	量取质量分数为 30% 的过氧化氢 100 mL，加水稀释至 1 000 mL。临用时现配
盐酸溶液(6 mol/L)	量取盐酸 50 mL，缓缓倾入 50 mL 水中，边加边搅拌
甲基红乙醇溶液指示剂(2.5 g/L)	称取甲基红指示剂 0.25 g，溶于 100 mL 无水乙醇中
氢氧化钠标准溶液(0.1 mol/L)	按照 GB/T 601—2016 配制并标定，或经国家认证并授予标准物质证书的标准滴定溶液
氢氧化钠标准溶液(0.01 mol/L)	移取氢氧化钠标准溶液(0.1 mol/L)10.0 mL 于 100 mL 容量瓶中，加无二氧化碳的水稀释至刻度
氮气(纯度>99.9%)	—

【样品检测】

1. 试样前处理

采样量应大于 600 g，充分混合均匀，储存于洁净盛样袋内，密闭并标识。

2. 试样测定

取试样 20～100 g(精确至 0.01 g，取样量可视含量高低而定)，将称量好的试样置于玻璃充氮蒸馏器的圆底烧瓶(图 6-6)中，加水 500 mL。安装好装置后，打开回流冷凝管开关给水(冷凝水温度＜15 ℃)，将冷凝管的上端 E 口处连接的玻璃导管置于 100 mL 锥形瓶底部(玻璃导管的末端应在吸收液液面以下)。锥形瓶内加入 3% 过氧化氢溶液 50 mL 作为吸收液，在吸收液中加入 3 滴 2.5 g/L 甲基红乙醇溶液指示剂，并用氢氧化钠标准溶液(0.01 mol/L)滴定至黄色即终点(如果超过终点,则应舍弃该吸收溶液)。

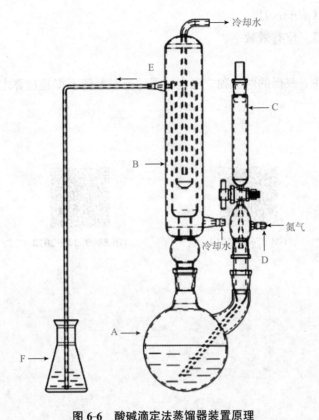

图 6-6　酸碱滴定法蒸馏器装置原理
A—圆底烧瓶；B—竖式回流冷凝管；C—(带刻度)分液漏斗；D—连接氮气流入口；
E—SO₂ 导气口；F—接收瓶

开通氮气,调节气体流量计至 1.0~2.0 L/min;打开分液漏斗 C 的活塞,使 6 mol/L 盐酸溶液 10 mL 快速流入蒸馏瓶,立刻加热烧瓶内的溶液至沸,并保持微沸 1.5 h,停止加热。

将吸收液放冷后摇匀,用氢氧化钠标准溶液(0.01 mol/L)滴定至黄色且 20 s 不褪色,并同时进行空白试验。

【数据处理】

试样中二氧化硫含量按下式计算:

$$X = \frac{(V-V_0) \times c \times 0.032 \times 1\,000 \times 1\,000}{m}$$

式中　X——试样中二氧化硫含量(以 SO₂ 计)(mg/kg);

V——试样溶液消耗氢氧化钠标准溶液的体积(mL);

V_0——空白溶液消耗氢氧化钠标准溶液的体积(mL);

c——氢氧化钠标准溶液的浓度（mol/L）；

0.032——1 mL 氢氧化钠标准溶液（1 mol/L）相当的二氧化硫的质量（g）（g/mmol）。

计算结果保留三位有效数字。

【精密度】

在精密度条件下获得的两次独立测定结果的绝对差值不得超过算术平均值的 10%。

知识链接

GB 2760—2014　　　　GB 5009.34—2022

检验报告单

检验报告单见表 6-10。

表 6-10　检验报告单

样品名称		样品状态		
检验项目		检验方法		
检验人		检验日期		
平行试验		1		2
试样质量/g				
氢氧化钠标准溶液的浓度/(mol·L^{-1})				
试样溶液消耗氢氧化钠标准溶液的体积/mL				
空白溶液消耗氢氧化钠标准溶液的体积/mL				
试样中二氧化硫含量/(mg·kg^{-1})				
二氧化硫含量平均值/(mg·kg^{-1})				
相对相差/%				
精密度判断		□相对相差≤10%，符合精密度要求 □相对相差＞10%，不符合精密度要求		
检测结果		□二氧化硫含量为＿＿＿＿＿＿＿＿ □精密度不符合要求，应重新测定		
检测结论				

任务6　食盐中亚铁氰化钾的测定

　　亚铁氰化钾是我国允许添加在食品中的一种食品添加剂，可以起到抗结剂的作用。在食盐中加入亚铁氰化钾是为了提高其稳定性和感官特性，也更加便于运输和储存。亚铁氰化钾只有在高于 400 ℃ 的环境下才可能分解产生氰化钾，而日常烹调温度通常低于 340 ℃，所以在正常烹调温度下亚铁氰化钾分解的可能性极小。因此，只要正常炒菜烹调，就不用担心产生有毒的氰化钾。

　　《食品安全国家标准　食品添加剂使用标准》(GB 2760—2014)规定：盐及代盐制品中亚铁氰化钾最大使用量为 0.01 g/kg(以亚铁氰根计)。

任务描述

　　市场监管部门对市场销售的食盐进行抽检，检验员对其亚铁氰化钾含量进行测定，判断是否符合产品质量标准。

测定方法及测定原理

【测定方法】
《食品安全国家标准　食盐指标的测定》(GB 5009.42—2016)中硫酸亚铁法。

【测定原理】
亚铁氰化钾在酸性条件下与硫酸亚铁生成蓝色复盐，与标准比较定量。方法检出限为 1.0 mg/kg。

任务实施

【仪器用具准备】
食盐中亚铁氰化钾的测定仪器用具如图 6-7 所示。

分析天平(感量 0.000 1 g)

电子天平(感量 0.01 g)

分光光度计

图 6-7　食盐中亚铁氰化钾的测定仪器用具

【试剂准备】

试剂及配制方法见表6-11。

表6-11　试剂及配制方法

试剂名称	配制方法
硫酸溶液	量取5.7 mL硫酸，沿容器壁缓缓注入50 mL水中，冷却后再加水至100 mL
硫酸亚铁溶液(80 g/L)	称取8 g硫酸亚铁，溶于100 mL硫酸溶液中，过滤，储于棕色试剂瓶中低温保存
亚铁氰化钾标准溶液	准确称取0.199 3 g亚铁氰化钾{$K_4[Fe(CN)_6]\cdot 3H_2O$}，溶于少量水，移入100 mL容量瓶，加水稀释至刻度。1 mL此溶液相当于1.0 mg亚铁氰根{$[Fe(CN)_6]^{4-}$}
亚铁氰化钾标准工作液	吸取10.0 mL亚铁氰化钾标准溶液，置于100 mL容量瓶中，加水稀释至刻度，1 mL此溶液相当于0.10 mg亚铁氰根{$[Fe(CN)_6]^{4-}$}

【样品检测】

称取10 g(精确至0.01 g)试样溶于水，移入50 mL容量瓶，加水至刻度，混匀，过滤，弃去初滤液，然后吸取25.0 mL滤液于比色管中。

吸取0 mL、0.1 mL、0.2 mL、0.3 mL、0.4 mL、0.5 mL亚铁氰化钾标准工作液，相当于0 μg、10.0 μg、20.0 μg、30.0 μg、40.0 μg、50.0 μg亚铁氰根{$[Fe(CN)_6]^{4-}$}，分别置于25 mL比色管中，各加水至25 mL。

试样管与标准管各加2 mL硫酸亚铁溶液，混匀。20 min后，用3 cm比色杯，以零管调节零点，于波长670 nm处测吸光度。以亚铁氰根质量为横坐标，对应的吸光度为纵坐标，绘制标准工作曲线。根据试样的吸光度，从工作曲线查出测定用样液中亚铁氰根的含量。

【数据处理】

试样中亚铁氰化钾含量按下式计算：

$$X=\frac{m_1\times 1\,000}{m_2\times\dfrac{25}{50}\times 1\,000\times 1\,000}$$

式中　X——试样中亚铁氰化钾含量{以$[Fe(CN)_6]^{4-}$计}(g/kg)；

　　m_1——测定用样液中亚铁氰根的质量(μg)；

　　m_2——试样质量(g)；

　　25/50——50 mL试样滤液中取25 mL用于试验；

　　1 000——单位换算系数。

计算结果保留两位有效数字。

【精密度】

在精密度条件下获得的两次独立测定结果的绝对差值不得超过算术平均值的10%。

知识扩展

亚铁氰化钾的每日允许摄入量为 0～0.025 mg/(kg BW)，以一个 60 kg 的成年人体重计算，每日最大允许摄入量为 1.5 mg。《中国居民膳食指南》推荐，成人每天食盐摄入量不超过 6 g。如果按照《食品安全国家标准　食品添加剂使用标准》(GB 2760—2014)中最大使用量 0.01 g/kg 来计算，每日亚铁氰化钾摄入量最多为 0.06 mg，远低于 60 kg 成年人每日最大允许摄入量。只要添加的亚铁氰化钾是在国家标准允许使用的安全范围内，无须担心会对身体造成伤害。

知识链接

GB 2760—2014

GB 5009.42—2016

📠 检验报告单

检验报告单见表6-12。

表6-12 检验报告单

样品名称			样品状态		
检验项目			检验方法		
检验人			检验日期		
标准曲线制作					
亚铁氰根含量/μg	0	10.0	20.0	30.0	40.0	50.0
吸光度						
回归方程						
样品测定						
平行试验			1		2	
试样质量/g						
亚铁氰化钾含量/$(g \cdot kg^{-1})$						
亚铁氰化钾含量平均值/$(g \cdot kg^{-1})$						
相对相差/%						
精密度判断			□相对相差≤10%，符合精密度要求 □相对相差>10%，不符合精密度要求			
检测结果			□亚铁氰化钾含量为_____ □精密度不符合要求，应重新测定			
检测结论						

　　覃某在未办理营业执照、食品生产许可证等相关证照的情况下，私自在柳州市柳北区长塘镇某出租房开设腐竹加工作坊，购进大豆等生产原材料及相关生产设备，生产腐竹销售牟利。2017年11月6日，覃某在生产加工腐竹的过程中，为使生产出的腐竹色泽鲜亮以利于销售，在明知"吊白块"（次硫酸氢钠甲醛）为国家明令禁止的"食品中可能违法添加的非食用物质"的情况下，仍在生产腐竹的"裹浆"环节违法添加了"吊白块"，生产腐竹100 kg，上述腐竹均已销售，获利1 300元。经柳州市柳北区食品药品监督管理局（现市场监督管理总局）对覃某生产的上述腐竹进行检验，所生产的腐竹中"吊白块"含量为236.4 μg/g，违反相关食品安全规定。

　　广西壮族自治区柳州市柳北区人民法院审理这起案件，法院经审理认为，被告人覃某明知"吊白块"为国家明令禁止在食品中添加的非食用物质，仍在生产腐竹的过程中违法予以添加，并将生产的不合格腐竹予以销售牟利，其行为构成生产、销售有毒、有害食品罪，由于其如实供述自己的罪行，综合犯罪情节等，法院决定对其从轻处罚，判处有期徒刑一年，并处罚金人民币5 000元。

　　吊白块又称雕白粉，以福尔马林结合亚硫酸氢钠再还原制得，化学名称为次硫酸氢钠甲醛或甲醛合次硫酸氢钠。其呈白色块状或结晶性粉状，易溶于水。常温时较为稳定，高温下具有极强的还原性，有漂白作用。遇酸即分解，其水溶液在60 ℃以上就开始分解出有害物质，120 ℃下分解产生甲醛、二氧化硫和硫化氢等有毒气体。

　　吊白块是一种强致癌物质，对人体的肺、肝脏和肾脏损害极大，普通人经口摄入纯吊白块10 g就会中毒致死，国家明文规定严禁在食品加工中使用。它的作用：漂白、防腐、增强韧性。危害：分解产生的有毒气体可使人头痛、乏力、食欲差，甚至导致鼻咽癌等疾病。藏身之地：豆腐、豆皮、米粉、鱼翅、糍粑等。

项目 7　蔬菜、水果、饮料检验

学习目标

知识目标

掌握维生素C、纤维素、果汁总酸、可溶性固形物、脲酶活性、茶多酚、苯甲酸的测定原理、操作步骤及数据处理方法。

能力目标

能够采用2,6-二氯靛酚滴定法、介质过滤法、酸碱指示剂滴定法、折光计法、纳氏试剂比色法、分光光度计法、液相色谱法独立进行维生素C、纤维素、果汁总酸、可溶性固形物、脲酶活性、茶多酚、苯甲酸的测定工作。

素质目标

1. 培养科学严谨的探索精神和实事求是、独立思考的工作态度；
2. 培养求真务实、勇于实践的工匠精神和创新精神；
3. 养成严格遵守安全操作规程的安全意识。

任务 1　水果中维生素 C 的测定

维生素C，又称维他命C，是一种多羟基化合物，具有酸的性质，又称L-抗坏血酸。在人体内，维生素C是高效抗氧化剂，用来减轻抗坏血酸过氧化物酶氧化应激。还有许多重要的生物合成过程也需要维生素C参与作用。维生素C广泛存在于新鲜蔬菜、水果中。番茄、菜花、柿子椒、深色叶菜、苦瓜、柑橘、柚子、苹果、葡萄、猕猴桃、鲜枣等均富含维生素C。

《绿色食品　猕猴桃》(NY/T 425—2000)规定：维生素C≥1 000 mg/kg。

任务描述

市场监管部门对超市销售的标注为绿色食品的猕猴桃进行抽检，检验员对其维生素C含量进行测定，判断是否符合产品质量标准。

测定方法及测定原理

【测定方法】

《食品安全国家标准　食品中抗坏血酸的测定》(GB 5009.86—2016)中第三法 2,6-

二氯靛酚滴定法适用于水果、蔬菜及其制品中 L(＋)-抗坏血酸的测定。

【测定原理】

用蓝色的碱性染料 2,6-二氯靛酚标准溶液对含 L(＋)-抗坏血酸的试样酸性浸出液进行氧化还原滴定，2,6-二氯靛酚被还原为无色，当到达滴定终点时，多余的 2,6-二氯靛酚在酸性介质中显浅红色，由 2,6-二氯靛酚的消耗量计算样品中 L(＋)-抗坏血酸的含量。

任务实施

【仪器用具准备】

水果中维生素 C 的测定仪器用具如图 7-1 所示。

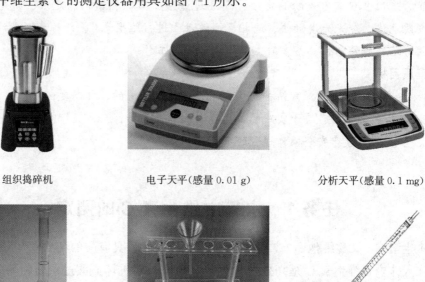

组织捣碎机　　　　　电子天平(感量 0.01 g)　　　　分析天平(感量 0.1 mg)

容量瓶(100 mL)　　　　　漏斗　　　　　移液管(10 mL)

锥形瓶(50 mL)　　　　　滴定管(25 mL)

图 7-1　水果中维生素 C 的测定仪器用具

【试剂准备】

试剂及配制方法见表 7-1。

表 7-1 试剂及配制方法

试剂名称	配制方法
偏磷酸溶液(20 g/L)	称取 20 g 偏磷酸,用水溶解并定容至 1 L
草酸溶液(20 g/L)	称取 20 g 草酸,用水溶解并定容至 1 L
白陶土	—
L(+)-抗坏血酸标准溶液 (1.000 mg/mL)	称取 100 mg(精确至 0.1 mg)L(+)-抗坏血酸标准品,溶于偏磷酸溶液或草酸溶液并定容至 100 mL。该储备液在 2~8 ℃避光条件下可保存一周
2,6-二氯靛酚(2,6-二氯靛酚钠盐)溶液	(1)配制: 称取碳酸氢钠 52 mg 溶解在 200 mL 热蒸馏水中,然后称取 2,6-二氯靛酚 50 mg 溶解在上述碳酸氢钠溶液中。冷却并用水定容至 250 mL,过滤至棕色瓶内,于 4~8 ℃环境中保存。每次使用前,用标准抗坏血酸溶液标定其滴定度。 (2)标定: 准确吸取 1 mL 抗坏血酸标准溶液于 50 mL 锥形瓶中,加入 10 mL 偏磷酸溶液或草酸溶液,摇匀,用 2,6-二氯靛酚溶液滴定至粉红色,保持 15 s 不褪色为止。同时另取 10 mL 偏磷酸溶液或草酸溶液做空白试验。 2,6-二氯靛酚溶液的滴定度按下式计算: $$T = \frac{c \times V}{V_1 - V_0}$$ 式中 T——2,6-二氯靛酚溶液的滴定度,即每毫升 2,6-二氯靛酚溶液相当于抗坏血酸的毫克数(mg/mL); c——抗坏血酸标准溶液的质量浓度(mg/mL); V——吸取抗坏血酸标准溶液的体积(mL); V_1——滴定抗坏血酸标准溶液消耗 2,6-二氯靛酚溶液的体积(mL); V_0——空白消耗 2,6-二氯靛酚溶液的体积(mL)

【样品检测】

1. 试液制备

称取具有代表性样品的可食部分 100 g,放入粉碎机,加入 100 g 偏磷酸溶液或草酸溶液,迅速捣成匀浆。准确称取 10~40 g 匀浆样品(精确至 0.01 g)于烧杯中,用偏磷酸溶液或草酸溶液将样品转移至 100 mL 容量瓶,并稀释至刻度,摇匀后过滤。若滤液有颜色,可按每克样品加 0.4 g 白陶土脱色后再过滤。

2. 测定

准确吸取 10 mL 滤液于 50 mL 锥形瓶中,用标定过的 2,6-二氯靛酚溶液滴定,直至溶液呈粉红色 15 s 不褪色为止。

3. 空白试验

准确吸取 10 mL 偏磷酸溶液或草酸溶液做空白试验。

【数据处理】

试样中L(＋)-抗坏血酸含量按下式计算：

$$X = \frac{(V - V_0) \times T \times A}{m} \times 100$$

式中　X——试样中L(＋)-抗坏血酸含量[mg/(100 g)]；

　　　　V——滴定试样所消耗2,6-二氯靛酚溶液的体积(mL)；

　　　　V_0——滴定空白所消耗2,6-二氯靛酚溶液的体积(mL)；

　　　　T——2,6-二氯靛酚溶液的滴定度；

　　　　A——稀释倍数；

　　　　m——试样质量(g)。

计算结果以精密度条件下获得的两次独立测定结果的算术平均值表示，结果保留三位有效数字。

【精密度】

在精密度条件下获得的两次独立测定结果的绝对差值，在L(＋)-抗坏血酸含量大于20 mg/(100 g)时不得超过算术平均值的2％；在L(＋)-抗坏血酸含量小于或等于20 mg/(100 g)时不得超过算术平均值的5％。

知识链接

GB 5009. 86—2016

NY/T 425—2000

检验报告单

检验报告单见表 7-2。

表 7-2　检验报告单

样品名称		样品状态	
检验项目		检验方法	
检验人		检验日期	
平行试验		1	2
试样质量/g			
稀释倍数			
2,6-二氯靛酚溶液的滴定度/(mg·mL^{-1})			
滴定试样所消耗 2,6-二氯靛酚溶液的体积/mL			
滴定空白所消耗 2,6-二氯靛酚溶液的体积/mL			
抗坏血酸含量/[mg·(100 g)$^{-1}$]			
抗坏血酸含量平均值/[mg·(100 g)$^{-1}$]			
相对相差/%			
精密度判断		□相对相差≤12%，符合精密度要求 □相对相差＞12%，不符合精密度要求	
检测结果		□抗坏血酸含量为_____ □精密度不符合要求，应重新测定	
检测结论			

任务 2　蔬菜中纤维素的测定

粗纤维主要为蔬菜细胞壁的组成成分，是蔬菜新鲜程度的评价指标。一般情况下，叶类蔬菜的种植时间较短，在水、肥条件相对较好的条件下，其粗纤维的生成量很低。如果叶类蔬菜生长在干旱、贫瘠的环境下，那么生长时间会延长，粗纤维的生成量会明显提高，导致蔬菜品质下降、菜叶枯黄、营养成分低、口感差等。

任务描述

市场监管部门对超市销售的标注为绿色食品的韭菜进行抽检，检验员对其纤维素含量进行测定，判断是否符合产品质量标准。

测定方法及测定原理

【测定方法】

《植物类食品中粗纤维的测定》中介质过滤法（GB/T 5009.10—2003）适用于水果、蔬菜及其产品粗纤维含量的测定。

【测定原理】

在硫酸作用下，试样中的糖、淀粉、果胶质和半纤维素经水解除去后，再用碱处理，除去蛋白质及脂肪酸，剩余的残渣为粗纤维。若其中含有不溶于酸碱的杂质，可灰化后除去。

任务实施

【仪器用具准备】

蔬菜中纤维素的测定仪器用具如图 7-2 所示。

组织捣碎机

电子天平(感量 0.01 g)

锥形瓶(500 mL)

图 7-2　蔬菜中纤维素的测定仪器用具

电炉

亚麻布

分析天平(感量 0.1 mg)

玻质砂芯坩埚(微孔平均直径
为 80~160 μm, 体积为 30 mL)

电热鼓风干燥箱

高温炉

图 7-2 蔬菜中纤维素的测定仪器用具(续)

【试剂准备】

试剂及配制方法见表 7-3。

表 7-3 试剂及配制方法

试剂名称	配制方法
1.25％硫酸溶液	吸取相对密度为 1.84 的浓硫酸 3.5 mL, 沿容器壁缓缓注入 500 mL 水中
1.25％氢氧化钾溶液	称取 7.0 g 氢氧化钾溶解于 500 mL 水中
乙醇	—
乙醚	—

【样品检测】

1. 试样的酸处理

称取 20~30 g 捣碎的试样(或 5.0 g 干试样), 移入 500 mL 锥形瓶, 加入 200 mL 煮沸的 1.25％硫酸, 加热使微沸, 保持体积恒定, 维持 30 min, 每隔 5 min 摇动锥形瓶一次, 以充分混合瓶内的物质。取下锥形瓶, 立即用亚麻布过滤后, 用沸水洗涤至洗液不呈酸性。

2. 试样的碱处理

用 200 mL 煮沸的 1.25％氢氧化钾溶液，将亚麻布上的存留物洗入原锥形瓶内加热微沸 30 min 后，取下锥形瓶，立即以亚麻布过滤，以沸水洗涤 2～3 次。

3. 试样的乙醇、乙醚洗涤

试样移入已干燥称量的玻质砂芯坩埚，抽滤，用热水充分洗涤至洗液不呈碱性后，抽干，再依次用乙醇和乙醚洗涤一次。

4. 残余物烘干

将坩埚和内容物在 105 ℃电热鼓风干燥箱中烘干后称量，重复操作，直至恒量。

5. 残余物灰化

如果试样中含有较多的不溶性杂质，则可将试样烘干称量后，再移入 550 ℃高温炉灰化，使含碳的物质全部灰化，置于干燥器内，冷却至室温称量。

【数据处理】

试样中粗纤维含量按下式进行计算：

$$X = \frac{G}{m} \times 100\%$$

式中　X——试样中粗纤维的含量[g/(100 g)]；

　　　G——残余物的质量（或经高温炉损失的质量）(g)；

　　　m——试样的质量(g)。

计算结果保留到小数点后一位。

【精密度】

在精密度条件下获得的两次独立测定结果的绝对差值不得超过算术平均值的 10％。

▥知识链接

GB/T 5009.10—2003

📇检验报告单

检验报告单见表 7-4。

表 7-4　检验报告单

样品名称			样品状态	
检验项目			检验方法	
检验人			检验日期	
平行试验			1	2
试样质量/g				
残余物烘干后的质量/g				
残余物灰化后的质量/g				
粗纤维的含量/$[g \cdot (100\ g)^{-1}]$				
粗纤维的含量平均值/$[g \cdot (100\ g)^{-1}]$				
相对相差/%				
精密度判断			□相对相差≤10%，符合精密度要求 □相对相差>10%，不符合精密度要求	
检测结果			□纤维素含量为＿＿＿＿＿＿＿ □精密度不符合要求，应重新测定	
检测结论				

任务3 果汁中总酸的测定

有机酸是决定水果味感的重要成分。食品中常见的有机酸包括柠檬酸、苹果酸、酒石酸、草酸、琥珀酸、醋酸及乳酸等。

不同果蔬中所含的有机酸种类不同。水果中可食组织中最丰富的酸是柠檬酸和苹果酸。这些有机酸大多具有爽快的酸味，对果实的风味影响很大。各种水果的酸感与酸根、pH、可滴定酸度及其他物质，特别是糖，有密切关系。因此，它们形成了各种水果特有的酸味特征。测定水果中的总酸含量对判断水果的成熟度具有十分重要的意义。

《浓缩苹果汁》(GB/T 18963—2012)规定：浓缩苹果清汁可滴定酸度(以苹果酸计)≥0.70％，浓缩苹果浊汁可滴定酸度(以苹果酸计)≥0.45％。

🧰 任务描述

某企业生产一批浓缩苹果汁，检验员对其酸度进行测定，判断是否符合产品质量标准。

🧰 测定方法及测定原理

【测定方法】

《食品安全国家标准 食品中总酸的测定》(GB 12456—2021)中第一法酸碱指示剂滴定法适用于果蔬制品、饮料(澄清透明类)、白酒、米酒、白葡萄酒、啤酒和白醋中总酸的测定。

【测定原理】

根据酸碱中和原理，用碱液滴定试液中的酸，以酚酞为指示剂确定滴定终点。按碱液的消耗量计算食品中的总酸含量。

🧰 任务实施

【仪器用具准备】

果汁中总酸的测定仪器用具如图 7-3 所示。

组织捣碎机

天平(感量 0.1 mg)

天平(感量 0.01 g)

图 7-3 果汁中总酸的测定仪器用具

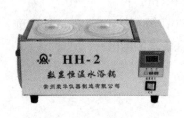
数显恒温水浴锅

移液管(25 mL)

滴定管

图 7-3　果汁中总酸的测定仪器用具(续)

【试剂准备】

试剂及配制方法见表 7-5。

表 7-5　试剂及配制方法

试剂名称	配制方法
无二氧化碳的水	将水煮沸 15 min 以逐出二氧化碳，冷却，密闭
酚酞指示液(10 g/L)	称取 1 g 酚酞，溶于乙醇(95%)，用乙醇(95%)稀释至 100 mL
氢氧化钠标准滴定溶液(0.1 mol/L)	按照《食品卫生检验方法　理化部分　总则》(GB/T 5009.1—2003)的要求配制和标定

【样品检测】

1. 待测溶液制备

称取 25 g(精确至 0.01 g)或用移液管吸取 25.0 mL 试样于 250 mL 容量瓶中，用无二氧化碳的水定容至刻度，摇匀。用快速滤纸过滤，收集滤液，用于测定。

2. 测定

用移液管吸取 50 mL 试液，置于 250 mL 三角瓶中，加入 2~4 滴酚酞指示液，用 0.1 mol/L 氢氧化钠标准滴定溶液滴定至微红色 30 s 不褪色。记录消耗 0.1 mol/L 氢氧化钠标准滴定溶液的体积数值。

3. 空白试验

用 50 mL 无二氧化碳的水代替试液做空白试验，记录消耗氢氧化钠标准滴定溶液的体积数值。

【数据处理】

试样中总酸含量按式下进行计算：

$$X = \frac{c \times (V_1 - V_2) \times k \times F}{m} \times 1\,000$$

式中　X——试样中总酸的含量(g/L)；

c——氢氧化钠标准滴定溶液的浓度(mol/L)；

V_1——滴定试液时消耗氢氧化钠标准滴定溶液的体积(mL)；

V_2——空白试验时消耗氢氧化钠标准滴定溶液的体积(mL)；

k——酸的换算系数：苹果酸，0.067；乙酸，0.060；酒石酸，0.075；柠檬酸，0.064；柠檬酸(含一分子结晶水)，0.070；乳酸，0.090；

F——试液的稀释倍数；

m——试样的质量(g)；

1 000——换算系数。

计算结果以精密度条件下获得的两次独立测定结果的算术平均值表示，结果保留到小数点后两位。

【精密度】

在精密度条件下获得的两次独立测定结果的绝对差值不得超过算术平均值的10%。

知识链接

GB 12456—2021

GB/T 18963—2012

检验报告单

检验报告单见表 7-6。

表 7-6　检验报告单

样品名称		样品状态	
检验项目		检验方法	
检验人		检验日期	
平行试验		1	2
试样体积/mL			
氢氧化钠标准滴定溶液的浓度/(mol·L^{-1})			
试样消耗氢氧化钠标准滴定溶液的体积/mL			
空白试验消耗硫代硫酸钠标准滴定溶液的体积/mL			
总酸/(g·L^{-1})			
总酸平均值/(g·L^{-1})			
相对相差/%			
精密度判断		□相对相差≤10%，符合精密度要求 □相对相差>10%，不符合精密度要求	
检测结果		□总酸含量为_____ □精密度不符合要求，应重新测定	
检测结论			

任务4　果汁中可溶性固形物的测定

可溶性固形物是指液体或流体食品中所有溶解于水的化合物的总称，包括糖、酸、维生素、矿物质等。

可溶性固形物是食品行业一个常用的技术参数，部分食品在加工过程中通过测定可溶性固形物含量评估食品质量。测定可溶性固形物可以衡量水果成熟情况（例如，富士苹果要求可溶性固形物含量≥13%），以便确定采摘时间。

《浓缩苹果汁》（GB/T 18963—2012）规定：浓缩苹果清汁可溶性固形物含量（20 ℃，以折光计）≥65.0%，浓缩苹果浊汁可溶性固形物含量（20 ℃，以折光计）≥20.0%。

🧰 任务描述

某企业生产一批浓缩苹果汁，检验员对其可溶性固形物进行测定，判断是否符合产品质量标准。

🧰 测定方法及测定原理

【测定方法】

《饮料通用分析方法》（GB/T 12143—2008）中折光计法适用于透明液体、半黏稠、含悬浮物的饮料制品。

【测定原理】

在 20 ℃用折光计测量待测样液的折光率，并用折光率与可溶性固形物含量的换算表（GB/T 12143—2008 附录 A.1）查得或从折光计上直接读出可溶性固形物含量。

🧰 任务实施

【仪器用具准备】

果汁中可溶性固形物的测定仪器用具如图 7-4 所示。

组织捣碎机

折光计

图 7-4　果汁中可溶性固形物的测定仪器用具

【样品检测】

1. 试液制备

(1)透明液体制品。将试样充分混匀，直接测定。

(2)半黏稠制品(果浆、菜浆类)。将试样充分混匀，用四层纱布挤出滤液，弃去最初几滴，收集滤液供测试用。

(3)含悬浮物制品(果粒果汁类饮料)。将待测样品置于组织捣碎机中捣碎，用四层纱布挤出滤液，弃去最初几滴，收集滤液供测试用。

2. 试样溶液的测定

(1)分开折光计两面棱镜，用脱脂棉蘸乙醚或乙醇擦净。

(2)用末端熔圆之玻璃棒蘸取试液2～3滴，滴于折光计棱镜面中央(注意勿使玻璃棒触及镜面)。

(3)迅速闭合棱镜，静置1 min，使试液均匀无气泡，并充满视野。

(4)对准光源，通过目镜观察接物镜。调节指示规，使视野分成明暗两部，再旋转微调螺旋，使明暗界限清晰，并使其分界线恰在接物镜的十字交叉点上。读取目镜视野中的百分数，并记录棱镜温度。

【数据处理】

查表[《饮料通用分析方法》(GB/T 12143—2008)附录B](表7-7)将上述百分含量换算为20 ℃时可溶性固形物含量(%)。

取两次测定的算术平均值作为结果，精确到小数点后一位。

【精密度】

同一试样两次测定值之差，不应大于0.5%。

表7-7　20 ℃时可溶性固形物含量对温度的校正表

(表B.1　20 ℃时可溶性固形物含量对温度的校正表)

温度/℃	可溶性固形物含量/%														
	0	5	10	15	20	25	30	35	40	45	50	55	60	65	70
	应减去之校正值														
10	0.50	0.54	0.58	0.61	0.64	0.66	0.68	0.70	0.72	0.73	0.74	0.75	0.76	0.78	0.79
11	0.46	0.49	0.53	0.55	0.58	0.60	0.62	0.64	0.65	0.66	0.67	0.68	0.69	0.70	0.71
12	0.42	0.45	0.48	0.50	0.52	0.54	0.56	0.57	0.58	0.59	0.60	0.61	0.61	0.63	0.63
13	0.37	0.40	0.42	0.44	0.46	0.18	0.49	0.50	0.51	0.52	0.53	0.54	0.54	0.55	0.55
14	0.33	0.35	0.37	0.39	0.40	0.41	0.42	0.43	0.44	0.45	0.45	0.46	0.46	0.47	0.48
15	0.27	0.29	0.31	0.33	0.34	0.34	0.35	0.36	0.37	0.37	0.38	0.39	0.39	0.40	0.40
16	0.22	0.24	0.25	0.26	0.27	0.28	0.28	0.29	0.30	0.30	0.30	0.31	0.31	0.32	0.32
17	0.17	0.18	0.19	0.20	0.21	0.21	0.21	0.22	0.22	0.23	0.23	0.23	0.23	0.24	0.24

温度/	可溶性固形物含量/%														
℃	0	5	10	15	20	25	30	35	40	45	50	55	60	65	70
	应减去之校正值														
18	0.12	0.13	0.13	0.14	0.14	0.14	0.14	0.15	0.15	0.15	0.15	0.16	0.16	0.16	0.16
19	0.06	0.06	0.06	0.07	0.07	0.07	0.07	0.08	0.08	0.08	0.08	0.08	0.08	0.08	0.08
	应加入之校正值														
21	0.06	0.07	0.07	0.07	0.07	0.08	0.08	0.08	0.08	0.08	0.08	0.08	0.08	0.08	0.08
22	0.13	0.13	0.14	0.14	0.15	0.15	0.15	0.15	0.15	0.16	0.16	0.16	0.16	0.16	0.16
23	0.19	0.20	0.20	0.21	0.22	0.22	0.23	0.23	0.23	0.23	0.24	0.24	0.24	0.24	0.24
24	0.26	0.27	0.28	0.29	0.30	0.30	0.31	0.31	0.31	0.31	0.31	0.32	0.32	0.32	0.32
25	0.33	0.35	0.36	0.37	0.38	0.38	0.39	0.40	0.40	0.40	0.40	0.40	0.40	0.40	0.40
26	0.40	0.42	0.43	0.44	0.45	0.46	0.47	0.48	0.48	0.48	0.48	0.48	0.48	0.48	0.48
27	0.48	0.50	0.52	0.53	0.54	0.55	0.55	0.56	0.56	0.56	0.56	0.56	0.56	0.56	0.56
28	0.56	0.57	0.60	0.61	0.62	0.63	0.63	0.63	0.64	0.64	0.64	0.64	0.64	0.64	0.64
29	0.64	0.66	0.68	0.69	0.71	0.72	0.72	0.73	0.73	0.73	0.73	0.73	0.73	0.73	0.73
30	0.72	0.74	0.77	0.78	0.79	0.80	0.81	0.81	0.81	0.81	0.81	0.81	0.81	0.81	0.81

知识扩展

1. 折光仪零点校正

打开盖板，用软布仔细擦净检测棱镜。取蒸馏水数滴，放在检测棱镜上，轻轻合上盖板，避免气泡产生，使溶液遍布棱镜表面。将仪器进光板对准光源或明亮处，眼睛通过目镜观察视场，拧动零位调节螺钉，使分界线调至刻度 0% 位置。然后擦净检测棱镜。

2. 折光仪使用注意事项

折光仪是精密光学仪器，在使用和保养中应注意以下事项。

（1）在使用中必须细心谨慎，严格按说明使用，不得任意松动仪器各连接部分，不得跌落、碰撞，严禁发生剧烈振动。

（2）使用完毕后，严禁直接放入水中清洗，应用干净软布擦拭，对于光学面，不应碰伤、划伤。

（3）仪器应放于干燥、无腐蚀气体的地方保管。

（4）避免零备件丢失。

📧 知识链接

GB/T 12143—2008

GB/T 18963—2012

⌨ 检验报告单

检验报告单见表 7-8。

表 7-8　检验报告单

样品名称		样品状态	
检验项目		检验方法	
检验人		检验日期	
平行试验		1	2
棱镜温度/℃			
折光计读数/%			
换算成 20 ℃时的数值/%			
平均值/%			
两次测定结果差值/%			
精密度判断		□两次测定结果差值≤0.5%，符合精密度要求 □两次测定结果差值>0.5%，不符合精密度要求	
检测结果		□可溶性固形物含量为＿＿＿＿＿＿＿＿ □精密度不符合要求，应重新测定	
检测结论			

任务5 豆奶中脲酶活性试验

大豆中富含品质较高的蛋白质和脂肪，是植物蛋白质的主要来源，但因其中含有抗胰蛋白酶等抗营养因子，所以对其食用价值产生了不利的影响，因此豆制品加工过程中的适度熟化非常重要，熟化程度低会含抗胰蛋白酶等营养抑制因子，熟化程度过高又会导致氨基酸利用率低。

脲酶是豆类中含有的几种天然酶类之一，它本身不是抗营养因子，无营养意义，但它与抗胰蛋白酶的含量接近，并且遇热变性失活的程度与抗胰蛋白酶相似，而且便于测定，因此，脲酶活性被用来作为豆制品加热是否合适的间接估测指标。

《植物蛋白饮料　豆奶和豆奶饮料》(GB/T 30885—2014)规定：脲酶活性为阴性。

🧰 任务描述

市场监管部门对市场上销售的豆奶进行抽检，检验员对其脲酶活性进行检验，判断是否符合产品质量标准。

🧰 测定方法及测定原理

【测定方法】

《植物蛋白饮料　豆奶和豆奶饮料》(GB/T 30885—2014)附录 A 中纳氏试剂比色法。

【测定原理】

脲酶在适当的酸碱度和温度下，催化尿素转化成碳酸铵，碳酸铵在碱性条件下形成氢氧化铵，再与纳氏试剂中的碘化钾汞复盐作用形成黄棕色的碘化双汞铵，如试样中脲酶活性消失，上述反应则不发生。

🧰 任务实施

【仪器用具准备】

豆奶脲酶活性试验仪器用具如图 7-5 所示。

比色管(10 mL)　　　移液管(1 mL、2 mL)　　　纳氏比色管(25 mL)

图 7-5　豆奶脲酶活性试验仪器用具

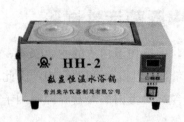

数显恒温水浴锅　　　　　　量筒(25 mL)

图 7-5　豆奶脲酶活性试验仪器用具(续)

【试剂准备】

试剂及配制方法见表 7-9。

表 7-9　试剂及配制方法

试剂名称	配制方法
尿素溶液(1%)	称取 1.0 g 尿素,溶于 99 mL 水中
钨酸钠溶液(10%)	称取 10.0 g 钨酸钠溶于 90 mL 水中
酒石酸钾钠溶液(2%)	称取 2.0 g 酒石酸钾钠溶于 98 mL 水中
硫酸溶液(5%)	量取 5.0 mL 硫酸,沿容器壁缓缓注入约 70 mL 水中,冷却,稀释至 100 mL
磷酸氢二钠溶液	称取 0.947 g 无水磷酸氢二钠溶于 100 mL 水中
磷酸二氢钾溶液	称取 0.907 g 磷酸二氢钾溶于 100 mL 水中
中性缓冲溶液	量取磷酸氢二钠溶液 61.1 mL 于 200 mL 烧杯内,再加入磷酸二氢钾溶液 38.9 mL,搅拌混匀
钠氏试剂	称取 5.5 g 红色碘化汞(HgI_2)、4.125 g 碘化钾溶于 25 mL 水中,溶解后转移到 100 mL 容量瓶中。再称取 14.4 g 氢氧化钠溶于 50 mL 水中,待溶解冷却后,慢慢转移到上述 100 mL 容量瓶中,用水定容至刻度,摇匀后倒入试剂瓶,静置后用上清液

【样品检测】

(1)取比色管甲(样品管)、乙(对照管)两支,各加入 1.0～4.0 mL(相当于 0.1 g 大豆固形物)样品,然后,各加入 1 mL 中性缓冲溶液,摇匀。

(2)在甲管中加入 1 mL 尿素溶液,在乙管中加入 1 mL 水,将甲、乙两管摇匀后,置于 40 ℃水浴中保温 20 min。

(3)从水浴中取出甲、乙两管后,各加 1～4 mL 水(总体积为 7 mL),摇匀,加 1 mL 钨酸钠溶液,摇匀,再加 1 mL 硫酸溶液,摇匀,过滤备用。

(4)取两支具塞钠氏比色管,分别加入 2 mL 滤液,然后各加入 15 mL 水,摇匀,加入 1 mL 酒石酸钾钠,摇匀,再加入 2 mL 钠氏试剂后,用水定容至刻度,摇匀后观察结果。

【分析结果的表述】

分析结果见表7-10。

表 7-10　分析结果

显色情况	脲酶定性	表示符号
样品管与空白对照管同色或更浅	阴性	－
淡黄色或微黄色澄清液	弱阳性	＋
深金黄色或黄色澄清液	阳性	＋＋
橘红色澄清液	次强阳性	＋＋＋
砖红色混浊或澄清液	强阳性	＋＋＋＋

知识链接

GB/T 30885—2014

检验报告单

检验报告单见表 7-11。

表 7-11　检验报告单

样品名称		样品状态	
检验项目		检验方法	
检验人		检验日期	
显色情况		脲酶定性	表示符号

任务 6 茶饮料中茶多酚的测定

茶多酚是茶叶中多羟基酚类化合物的复合物，由 30 种以上的酚类物质组成，其主体成分是儿茶素及其衍生物。茶多酚是决定茶叶色、香、味及功效的主要成分，占茶叶干重的 20%～30%。茶多酚具有抗氧化、防辐射、抗衰老、降血脂、降血糖、抑菌抑酶等多种生理活性。

《茶饮料》(GB/T 21733—2008)规定的茶多酚指标见表 7-12。

表 7-12 茶多酚指标

项目		茶饮料(茶汤)	调味茶饮料	
			果汁	果味
茶多酚/(mg·kg^{-1})	红茶	≥300	≥200	
	绿茶	≥500		
	乌龙茶	≥400		
	花茶	≥300		
	其他茶	≥300		

🧰 任务描述

市场监管部门对市场上销售的茶饮料进行抽检，检验员对其茶多酚含量进行测定，判断是否符合产品质量标准。

🧰 测定方法及测定原理

【测定方法】

《茶饮料》(GB/T 21733—2008)附录 A 茶饮料中茶多酚的检测方法。

【测定原理】

茶叶中的多酚类物质能与亚铁离子形成紫蓝色络合物，用分光光度计法测定其含量。

🧰 任务实施

【仪器用具准备】

茶饮料中茶多酚的测定仪器用具如图 7-6 所示。

分析天平(感量 0.001 g)

移液管(5 mL)

分光光度计

图 7-6 茶饮料中茶多酚的测定仪器用具

【试剂准备】

试剂及配制方法见表 7-13。

表 7-13 试剂及配制方法

试剂名称	配制方法
95％乙醇	—
酒石酸亚铁溶液	称取硫酸亚铁 0.1 g 和酒石酸钾钠 0.5 g，用水溶解并定容至 100 mL（低温保存有效期 10 d）
23.87 g/L 磷酸氢二钠溶液	称取磷酸二氢钠 23.87 g，加水溶解后定容至 1 L
9.08 g/L 磷酸二氢钾溶液	称取经 110 ℃烘干 2 h 的磷酸二氢钾 9.08 g，加水溶解后定容至 1 L

【样品检测】

1. 试液制备

(1)较透明的样液(如果味茶饮料等)。将样液充分摇匀后，备用。

(2)较混浊的样液(如果汁茶饮料、奶茶饮料等)。称取充分混匀的样液 25.00 g 于 50 mL 容量瓶中，加入 95％乙醇 15 mL，充分摇匀，放置 15 min 后，用水定容至刻度。用慢速定量滤纸过滤，滤液备用。

(3)含二氧化碳的样液。量取充分混匀的样液 100.00 g 于 250 mL 烧杯中，称取其总质量，然后置于电炉上加热至沸，在微沸状态下加热 10 min，将二氧化碳气排除。冷却后，用水补足其原来的质量。摇匀后，备用。

2. 测定

精确称取上述制备的试液 1～5 g 于 25 mL 容量瓶中，加水 4 mL、酒石酸亚铁溶液 5 mL，充分摇匀，用 pH＝7.5 的磷酸缓冲溶液定容至刻度。用 10 mm 比色皿，在波长 540 nm 处，测定其吸光度(A_1)。

同时称取等量的试液于 25 mL 容量瓶中，加水 4 mL，用 pH＝7.5 的磷酸缓冲溶液定容至刻度，测定其吸光度(A_2)，以试剂空白作为参比。

【数据处理】

样品中茶多酚的含量按下式计算：

$$X = \frac{(A_1 - A_2) \times 1.957 \times 2 \times K}{m} \times 1\,000$$

式中　X——样品中茶多酚的含量（mg/kg）；

　　　A_1——试液显色后的吸光度；

　　　A_2——试液底色的吸光度；

　　　1.957——用 10 mm 比色皿，当吸光度等于 0.50 时，1 mL 茶汤中茶多酚的含量

　　　　　　　相当于 1.957 mg；

　　　K——稀释倍数；

　　　m——测定时称取试液的质量（g）。

【精密度】

同一样品的两次平行测定结果之差，不得超过平均值的 5%。

📟知识链接

GB/T 21733—2008

检验报告单

检验报告单见表 7-14。

表 7-14　检验报告单

样品名称		样品状态	
检验项目		检验方法	
检验人		检验日期	
平行试验		1	2
试样质量/g			
试液显色后的吸光度			
试液底色的吸光度			
茶多酚的含量/(mg·kg⁻¹)			
茶多酚的含量平均值/(mg·kg⁻¹)			
相对相差/%			
精密度判断		□相对相差≤5%，符合精密度要求 □相对相差＞5%，不符合精密度要求	
检测结果		□茶多酚含量为_____ □精密度不符合要求，应重新测定	
检测结论			

任务7　饮料中苯甲酸的测定

苯甲酸又名安息香酸，作为一种能够抑制食品中微生物生长和繁殖的防腐剂，在食品加工工业得到广泛应用，可以防止食品生霉、变质或腐败，并能延长保存时间。苯甲酸随食品进入体内与甘氨酸结合成马尿酸，从尿液中排出体外，不刺激肾脏；但若过量添加，不仅能破坏维生素 B_1，还会使钙形成不溶性物质，影响人体对钙的吸收，同时对胃肠道有刺激作用。

《食品安全国家标准　食品添加剂使用标准》(GB 2760—2014)规定：浓缩果蔬汁(浆)中苯甲酸最大使用量为 2.0 g/kg，果蔬汁(浆)类饮料、蛋白饮料、植物类饮料、茶饮料中苯甲酸最大使用量为 1.0 g/kg，碳酸饮料中苯甲酸最大使用量为 0.2 g/kg。

任务描述

市场监管部门对市场上销售的花生露进行抽检，检验员对其苯甲酸含量进行测定，判断是否符合产品质量标准。

测定方法及测定原理

【测定方法】

《食品安全国家标准　食品中苯甲酸、山梨酸和糖精钠的测定》(GB 5009.28—2016)中第一法液相色谱法适用于食品中苯甲酸、山梨酸和糖精钠的测定。

【测定原理】

样品经水提取，高脂肪样品经正己烷脱脂、高蛋白样品经蛋白沉淀剂沉淀蛋白，采用液相色谱分离、紫外检测器检测，外标法定量。

任务实施

【仪器用具准备】

饮料中苯甲酸的测定仪器用具如图 7-7 所示。

分析天平(感量 0.000 1 g)

塑料离心管(50 mL)

离心机

图 7-7　饮料中苯甲酸的测定仪器用具

漩涡振荡器

匀浆机

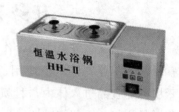
恒温水浴锅

超声波发生器

水相微孔滤膜(0.22 μm)

液相色谱仪(紫外线检测器)

图 7-7　饮料中苯甲酸的测定仪器用具(续)

【试剂准备】

试剂及配制方法见表 7-15。

表 7-15　试剂及配制方法

试剂名称	配制方法
氨水溶液(1+99)	取氨水 1 mL，加到 99 mL 水中，混匀
亚铁氰化钾溶液(92 g/L)	称取 106 g 亚铁氰化钾[$K_4Fe(CN)_6 \cdot 3H_2O$]，加入适量水溶解，用水定容至 1 000 mL
乙酸锌溶液(183 g/L)	称取 220 g 乙酸锌[$Zn(CH_3COO)_2 \cdot 2H_2O$]，溶于少量水中，加入 30 mL 冰乙酸，用水定容至 1 000 mL
乙酸铵溶液(20 mmol/L)	称取 1.54 g 乙酸铵，加入适量水溶解，用水定容至 1 000 mL，经 0.22 μm 水相微孔滤膜过滤后备用
甲酸-乙酸铵溶液(2 mmol/L 甲酸+20 mmol/L 乙酸铵)	称取 1.54 g 乙酸铵，加入适量水溶解，再加入 75.2 μL 甲酸，用水定容至 1 000 mL，经 0.22 μm 水相微孔滤膜过滤后备用
苯甲酸标准储备溶液(1 000 mg/L)	准确称取苯甲酸钠标准品 0.118 g(精确到 0.000 1 g)，用水溶解并定容至 100 mL。于 4 ℃储存，保存期为 6 个月(当使用苯甲酸标准品时，需要用甲醇溶解并定容)
苯甲酸标准中间溶液(200 mg/L)	准确吸取苯甲酸标准储备溶液 10.0 mL 于 50 mL 容量瓶中，用水定容。于 4 ℃储存，保存期为 3 个月
苯甲酸标准系列工作溶液	准确吸取苯甲酸标准中间溶液 0 mL、0.05 mL、0.25 mL、0.50 mL、1.00 mL、2.50 mL、5.00 mL 和 10.0 mL，用水定容至 10 mL，配制成质量浓度分别为 0 mg/L、1.00 mg/L、5.00 mg/L、10.0 mg/L、20.0 mg/L、50.0 mg/L、100 mg/L 和 200 mg/L 的标准系列工作溶液。临用现配

【样品检测】

1. 试样制备

取多个预包装的饮料等均匀样品直接混合；非均匀的液态、半固态样品用组织匀浆机匀浆；固体样品用研磨机充分粉碎并搅拌均匀。取其中的 200 g 装入玻璃容器，密封，液体试样于 4 ℃保存，其他试样于－18 ℃保存。

2. 试样提取

准确称取约 2 g(精确到 0.001 g)试样于 50 mL 具塞离心管中，加水约 25 mL，涡旋混匀，于 50 ℃水浴超声 20 min，冷却至室温后加亚铁氰化钾溶液 2 mL 和乙酸锌溶液 2 mL，混匀，于 8 000 r/min 离心 5 min，将水相转移至 50 mL 容量瓶中，于残渣中加水 20 mL，涡旋混匀后超声 5 min，于 8 000 r/min 离心 5 min，将水相转移到同一 50 mL 容量瓶中，并用水定容至刻度，混匀。取适量上清液过 0.22 μm 滤膜，待液相色谱测定。

注：碳酸饮料、果酒、果汁、蒸馏酒等测定时可以不加蛋白沉淀剂。

3. 仪器参考条件

(1)色谱柱：C$_{18}$柱，柱长 250 mm，内径 4.6 mm，粒径 5 μm，或等效色谱柱。

(2)流动相：甲醇＋乙酸铵溶液＝5＋95。

(3)流速：1 mL/min。

(4)检测波长：230 nm。

(5)进样量：10 μL。

4. 标准曲线的制作

将标准系列工作溶液分别注入液相色谱仪，测定相应的峰面积，以标准系列工作溶液的质量浓度为横坐标，以峰面积为纵坐标，绘制标准曲线。

5. 试样溶液的测定

将试样溶液注入液相色谱仪，得到峰面积，根据标准曲线得到待测液中苯甲酸的质量浓度。

【数据处理】

试样中苯甲酸的含量按下式计算：

$$X = \frac{\rho \times V}{m \times 1\ 000}$$

式中　X——试样中苯甲酸含量(g/kg)；

　　　ρ——由标准曲线得出的试样液中待测物的质量浓度(mg/L)；

　　　V——试样定容体积(mL)；

　　　m——试样质量(g)；

　　　1 000——由 mg/kg 转换为 g/kg 的换算因子。

结果保留三位有效数字。

【精密度】

在精密度条件下获得的两次独立测定结果的绝对差值不得超过算术平均值的10%。

📧知识链接

GB 2760—2014   GB 5009. 28—2016

检验报告单

检验报告单见表 7-16。

表 7-16　检验报告单

样品名称					样品状态			
检验项目					检验方法			
检验人					检验日期			
标准曲线的制作								
苯甲酸质量浓度 /(mg·L^{-1})	0	1.00	5.00	10.0	20.0	50.0	100	200
峰面积								
回归方程				相关系数				
样品测定								
平行试验				1			2	
试样质量/g								
峰面积								
苯甲酸含量/(g·kg^{-1})								
苯甲酸含量平均值/(g·kg^{-1})								
相对相差/%								
精密度判断				□相对相差≤10%，符合精密度要求 □相对相差＞10%，不符合精密度要求				
检测结果				□苯甲酸含量为＿＿＿＿＿＿ □精密度不符合要求，应重新测定				
检测结论								

案例分析

2023年7月27日，山西省太原市人民检察院召开"发挥'四大检察'职能 护航法治化营商环境"主题新闻发布会，向社会通报了全市检察机关优化营商环境工作情况，发布了5起典型案例。其中，太原市清徐县一家醋厂用不可用于食醋的冰乙酸勾兑成食醋销往全国被罚100万元一案引发关注。

2020年1月至2021年11月，清徐县某醋业有限公司实际控制人武某，在明知冰乙酸不可用于食醋的情况下，仍向刘某等人购买冰乙酸，勾兑成食醋后销往全国各地，销售金额达675 862元。

2022年7月，清徐县公安局以该醋业有限公司和武某等14人涉嫌生产、销售伪劣产品罪移送清徐县检察院审查起诉。

2022年10月，清徐县人民检察院对该醋业有限公司及武某等14人以生产、销售伪劣产品罪提起公诉。

2023年4月，清徐县人民法院做出一审判决，以生产、销售伪劣产品罪判处该醋业有限公司罚金40万元，承担惩罚性赔偿金1 013 793元；判处被告人武某等14人有期徒刑一年至四年不等，并处罚金。

乙酸，含量约为30%，在常温下均为液态。而冰乙酸含量为98%以上，可认为是纯乙酸，这种乙酸在高于14 ℃时为液态，在14 ℃以下时即为固体，外观很像冰，故称为冰乙酸，主要用于合成醋酸乙烯、醋酸纤维、醋酸酐、醋酸酯、金属醋酸盐及卤代醋酸等，也是制药、染料、农药及其他有机合成的重要原料。

国家卫健委与国家市场监督管理总局于2018年6月21日发布《食品安全国家标准 食醋》(GB 2719—2018)，并于2019年12月21日正式施行。配制食醋的食品类别不再属于食醋[归属于《食品安全国家标准 复合调味料》(GB 31644—2018)]，食品添加剂和营养强化剂品种和使用量应符合《食品安全国家标准 食品添加剂使用标准》(GB 2760—2014)和《食品安全国家标准 食品营养强化剂使用标准》(GB 14880—2012)的规定。新标准增加了冰乙酸(又名冰醋酸)、冰乙酸(低压羟基法)不可用于食醋这一条规定，进一步强调了标准对配制食醋的剔除。

参考文献

[1] 王竹天. 食品卫生检验方法（理化部分）注解[M]. 北京：中国标准出版社，2013.

[2] 中华人民共和国国家质量监督检验检疫总局，中国国家标准化管理委员会. GB/T 601—2016 化学试剂 标准滴定溶液的制备[S]. 北京：中国标准出版社，2017.

[3] 中华人民共和国卫生部，中国国家标准化管理委员会. GB/T 5009.1—2003 食品卫生检验方法 理化部分 总则[S]. 北京：中国标准出版社，2004.

[4] 中华人民共和国国家卫生健康委员会，中华人民共和国国家市场监督管理总局. GB 5009.2—2024 食品安全国家标准 食品相对密度的测定[S]. 北京：中国标准出版社，2024.

[5] 中华人民共和国国家卫生和计划生育委员会. GB 5009.3—2016 食品安全国家标准 食品中水分的测定[S]. 北京：中国标准出版社，2017.

[6] 中华人民共和国国家卫生和计划生育委员会. GB 5009.4—2016 食品安全国家标准 食品中灰分的测定[S]. 北京：中国标准出版社，2017.

[7] 中华人民共和国国家卫生和计划生育委员会，中华人民共和国国家食品药品监督管理总局. GB 5009.5—2016 食品安全国家标准 食品中蛋白质的测定[S]. 北京：中国标准出版社，2017.

[8] 中华人民共和国国家卫生和计划生育委员会，中华人民共和国国家食品药品监督管理总局. GB 5009.6—2016 食品安全国家标准 食品中脂肪的测定[S]. 北京：中国标准出版社，2017.

[9] 中华人民共和国国家卫生和计划生育委员会. GB 5009.7—2016 食品安全国家标准 食品中还原糖的测定[S]. 北京：中国标准出版社，2017.

[10] 中华人民共和国国家卫生健康委员会，中华人民共和国国家市场监督管理总局. GB 5009.9—2023 食品安全国家标准 食品中淀粉的测定[S]. 北京：中国标准出版社，2024.

[11] 中华人民共和国卫生部，中国国家标准化管理委员会. GB/T 5009.10—2003 植物类食品中粗纤维的测定[S]. 北京：中国标准出版社，2004.

[12] 中华人民共和国国家卫生和计划生育委员会，中华人民共和国国家食品药品监督管理总局. GB 5009.28—2016 食品安全国家标准 食品中苯甲酸、山梨酸和糖精钠的测定[S]. 北京：中国标准出版社，2017.

[13] 中华人民共和国国家卫生和计划生育委员会，中华人民共和国国家食品药品监督管理总局. GB 5009.33—2016 食品安全国家标准 食品中亚硝酸盐与硝酸盐的测定[S]. 北京：中国标准出版社，2017.

[14] 中华人民共和国国家卫生健康委员会，中华人民共和国国家市场监督管理总局. GB 5009.34—2022 食品安全国家标准 食品中二氧化硫的测定[S]. 北京：中国标准出版社，2022.

[15] 中华人民共和国国家卫生和计划生育委员会. GB 5009.42—2016 食品安全国家标准 食盐指标的测定[S]. 北京：中国标准出版社，2017.

[16] 中华人民共和国国家卫生健康委员会，中华人民共和国国家市场监督管理总局. GB 5009.43—2023 食品安全国家标准 味精中谷氨酸钠的测定[S]. 北京：中国标准出版社，2024.

[17] 中华人民共和国国家卫生和计划生育委员会. GB 5009.44—2016 食品安全国家标准 食品中氯化物的测定[S]. 北京：中国标准出版社，2017.

[18] 中华人民共和国国家卫生和计划生育委员会. GB 5009.86—2016 食品安全国家标准 食品中抗坏血酸的测定[S]. 北京：中国标准出版社，2017.

[19] 中华人民共和国国家卫生健康委员会，中华人民共和国国家市场监督管理总局. GB 5009.225—2023 食品安全国家标准 酒和食用酒精中乙醇浓度的测定[S]. 北京：中国标准出版社，2024.

[20] 中华人民共和国国家卫生健康委员会，中华人民共和国国家市场监督管理总局. GB 5009.227—2023 食品安全国家标准 食品中过氧化值的测定[S]. 北京：中国标准出版社，2024.

[21] 中华人民共和国国家卫生和计划生育委员会. GB 5009.228—2016 食品安全国家标准 食品中挥发性盐基氮的测定[S]. 北京：中国标准出版社，2017.

[22] 中华人民共和国国家卫生和计划生育委员会. GB 5009.229—2016 食品安全国家标准 食品中酸价的测定[S]. 北京：中国标准出版社，2017.

[23] 中华人民共和国国家卫生和计划生育委员会. GB 5009.235—2016 食品安全国家标准 食品中氨基酸态氮的测定[S]. 北京：中国标准出版社，2017.

[24] 中华人民共和国国家卫生和计划生育委员会，中华人民共和国国家食品药品监督管理总局. GB 5009.266—2016 食品安全国家标准 食品中甲醇的测定[S]. 北京：中国标准出版社，2017.

[25] 中华人民共和国国家卫生健康委员会，中华人民共和国国家市场监督管理总局. GB 12456—2021 食品安全国家标准 食品中总酸的测定[S]. 北京：中国标准出版社，2021.

[26] 中华人民共和国国家质量监督检验检疫总局，中国国家标准化管理委员会. GB/T 4928—2008 啤酒分析方法[S]. 北京：中国标准出版社，2009.

[27] 中华人民共和国国家质量监督检验检疫总局，中国国家标准化管理委员会. GB/T 12143—2008 饮料通用分析方法[S]. 北京：中国标准出版社，2009.

[28] 中华人民共和国国家卫生和计划生育委员会，中华人民共和国国家食品药品监督管理总局. GB 2707—2016 食品安全国家标准 鲜(冻)畜、禽产品[S]. 北京：中国标准出版社，2017.

[29] 中华人民共和国国家卫生和计划生育委员会. GB 2720—2015 食品安全国家标准 味精[S]. 北京：中国标准出版社，2016.

[30] 中华人民共和国国家质量监督检验检疫总局. GB/T 18186—2000 酿造酱油[S]. 北京：中国标准出版社，2001.

[31] 中华人民共和国国家市场监督管理总局，中国国家标准化管理委员会. GB/T 20712—2022 火腿肠质量通则[S]. 北京：中国标准出版社，2024.

[32] 中华人民共和国国家卫生健康委员会，中华人民共和国国家市场监督管理总局. GB 2719—2018 食品安全国家标准 食醋[S]. 北京：中国标准出版社，2019.

[33] 中华人民共和国卫生部. GB 2757—2012 食品安全国家标准 蒸馏酒及其配制酒[S]. 北京：中国标准出版社，2013.

[34] 中华人民共和国国家卫生和计划生育委员会. GB 2760—2014 食品安全国家标准 食品添加剂使用标准[S]. 北京：中国标准出版社，2015.

[35] 中华人民共和国国家质量监督检验检疫总局，中国国家标准化管理委员会. GB/T 4927—2008 啤酒[S]. 北京：中国标准出版社，2009.

[36] 中华人民共和国国家市场监督管理总局，中国国家标准化管理委员会. GB/T 1354—2018 大米[S]. 北京：中国标准出版社，2019.

[37] 中华人民共和国国家市场监督管理总局，中国国家标准化管理委员会. GB/T 1355—2021 小麦粉[S]. 北京：中国标准出版社，2023.

[38] 中华人民共和国国家质量监督检验检疫总局，中国国家标准化管理委员会. GB/T 1535—2017 大豆油[S]. 北京：中国标准出版社，2018.

[39] 中国国家标准化管理委员会. GB/T 18356—2007 地理标志产品 贵州茅台酒[S]. 北京：中国标准出版社，2008.

[40] 中华人民共和国国家质量监督检验检疫总局，中国国家标准化管理委员会. GB/T 18738—2006 速溶豆粉和豆奶粉[S]. 北京：中国标准出版社，2006.

[41] 中华人民共和国国家市场监督管理总局，中国国家标准化管理委员会. GB/T 20711—2022 熏煮火腿质量通则[S]. 北京：中国标准出版社，2024.

[42] 中华人民共和国国家质量监督检验检疫总局，中国国家标准化管理委员会. GB/T 21733—2008 茶饮料[S]. 北京：中国标准出版社，2008.

[43] 中华人民共和国国家市场监督管理总局，中国国家标准化管理委员会. GB/T 23493—2022 中式香肠质量通则[S]. 北京：中国标准出版社，2024.

[44] 中华人民共和国国家市场监督管理总局，中国国家标准化管理委员会.
GB/T 40772—2021 方便面[S]. 北京：中国标准出版社，2022.

[45] 中华人民共和国国家质量监督检验检疫总局，中国国家标准化管理委员会.
GB/T 18963—2012 浓缩苹果汁[S]. 北京：中国标准出版社，2013.

[46] 中华人民共和国国家质量监督检验检疫总局，中国国家标准化管理委员会.
GB/T 30391—2013 花椒[S]. 北京：中国标准出版社，2014.

[47] 中华人民共和国国家市场监督管理总局，中国国家标准化管理委员会.
GB/T 10345—2022 白酒分析方法[S]. 北京：中国标准出版社，2023.

[48] 中华人民共和国国家质量监督检验检疫总局，中国国家标准化管理委员会.
GB/T 20822—2007 固液法白酒[S]. 北京：中国标准出版社，2007.

[49] 中华人民共和国国家质量监督检验检疫总局，中国国家标准化管理委员会.
GB/T 30885—2014 植物蛋白饮料　豆奶和豆奶饮料[S]. 北京：中国标准出版社，
2015.

[50] 中华人民共和国农业部 . NY/T 425—2000 绿色食品　猕猴桃[S]. 北京：中国标
准出版社，2001.